卞仁吉　刘富才／著

二维半导体的滑移铁电物理及器件特性研究

Sliding Ferroelectric Physics and Device Characteristic
of Two-dimensional Semiconductors

U0350281

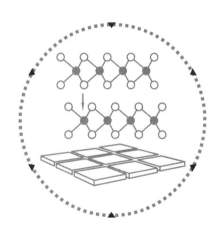

电子科技大学出版社
University of Electronic Science and Technology of China Press

·成都·

图书在版编目(CIP)数据

二维半导体的滑移铁电物理及器件特性研究 / 卞仁
吉，刘富才著. -- 成都 ： 成都电子科大出版社，2025.
1. -- ISBN 978-7-5770-1257-5

Ⅰ. TN384

中国国家版本馆 CIP 数据核字第 2024K3X733 号

二维半导体的滑移铁电物理及器件特性研究
ERWEI BANDAOTI DE HUAYI TIEDIAN WULI JI QIJIAN TEXING YANJIU

卞仁吉　刘富才　著

出 品 人　田　江
策划统筹　杜　倩
策划编辑　高小红　饶定飞
责任编辑　周武波
助理编辑　龙　敏
责任设计　李　倩　龙　敏
责任校对　姚隆丹
责任印制　梁　硕

出版发行　电子科技大学出版社
　　　　　成都市一环路东一段159号电子信息产业大厦九楼　邮编 610051
主　　页　www.uestcp.com.cn
服务电话　028-83203399
邮购电话　028-83201495

印　　刷　成都久之印刷有限公司
成品尺寸　170 mm×240 mm
印　　张　9.5
字　　数　160千字
版　　次　2025年1月第1版
印　　次　2025年1月第1次印刷
书　　号　ISBN 978-7-5770-1257-5
定　　价　60.00元

序

FOREWORD

当前，我们正置身于一个前所未有的变革时代，新一轮科技革命和产业变革深入发展，科技的迅猛发展如同破晓的曙光，照亮了人类前行的道路。科技创新已经成为国际战略博弈的主要战场。习近平总书记深刻指出："加快实现高水平科技自立自强，是推动高质量发展的必由之路。"这一重要论断，不仅为我国科技事业发展指明了方向，也激励着每一位科技工作者勇攀高峰、不断前行。

博士研究生教育是国民教育的最高层次，在人才培养和科学研究中发挥着举足轻重的作用，是国家科技创新体系的重要支撑。博士研究生是学科建设和发展的生力军，他们通过深入研究和探索，不断推动学科理论和技术进步。博士论文则是博士学术水平的重要标志性成果，反映了博士研究生的培养水平，具有显著的创新性和前沿性。

由电子科技大学出版社推出的"博士论丛"图书，汇集多学科精英之作，其中《基于时间反演电磁成像的无源互调源定位方法研究》等28篇佳作荣获中国电子学会、中国光学工程学会、中国仪器仪表学会等国家级学会以及电子科技大学的优秀博士论文的殊誉。这些著作理论创新与实践突破并重，微观探秘与宏观解析交织，不仅拓宽了认知边界，也为相关科学技术难题提供了新解。"博士论丛"的出版必将促进优秀学术成果的传播与交流，为创新型人才的培养提供支撑，进一步推动博士教育迈向新高。

青年是国家的未来和民族的希望，青年科技工作者是科技创新的生力军和中坚力量。我也是从一名青年科技工作者成长起来的，希望"博士论丛"的青年学者们再接再厉。我愿此论丛成为青年学者心中之光，照亮科研之路，激励后辈勇攀高峰，为加快建成科技强国贡献力量！

中国工程院院士

2024 年 12 月

前言

PREFACE

铁电材料由于存在稳定的剩余极化强度，且剩余极化矢量方向可被外电场翻转，因此被广泛地应用于非易失性存储器件研究，如铁电晶体管、铁电隧道结以及铁电二极管等。在当前大数据和人工智能的背景下，对器件微型化、功能集成化、可靠性等要求不断提高，传统的铁电体受限于临界尺寸效应已经不能满足微电子器件的发展需求。近期，研究人员在二维原子晶体中发现了一种新颖的铁电体——滑移铁电体。此铁电体不仅突破了铁电临界尺寸效应，且呈现出崭新的铁电极化机理和翻转机理，即铁电体的面外极化来源于相邻原子层间的不对称电荷补偿，而面外极化翻转则由面内滑移诱导。

本书共六章。第一章为绪论，主要介绍铁电理论和临界尺寸效应，以及二维层状铁电体；第二章为实验方法，从实验试剂、材料表征、器件制备、电学输运测量四个方面进行介绍；第三章为二维半导体的滑移铁电物性，介绍了如何通过电学输运特性表征滑移铁电体的铁电性及铁电的居里相变温度研究；第四章为层间滑移诱导的多极化态及抗疲劳特性，详述了滑移铁电体的层数依赖的极化态及天然的抗疲劳特性；第五章为高性能滑移铁电半导体晶体管，通过合理的器件结构设计实现了高性能的滑移铁电半导体晶体管的制备；第六章为总结，总结了本书中的研究及创新点，并对该研究进行展望。

衷心感谢导师刘富才教授夜以继日的指导，感谢课题组的师兄、师弟、师妹们所给予的帮助和鼓励，感谢何日博士、武亚则博士及钟志诚老师所提供的理论计算支持。

为了表达的准确性，同时考虑受众的阅读习惯，本书中部分图保留了原文献中的英文表达。限于笔者的知识水平，书中难免有不妥和错误，恳请读者不吝指正。

卞仁吉

2024年10月

目录
CONTENTS

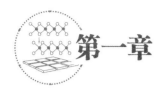

第一章

绪 论

1.1 引言

图1-1（a）是一张用偏光显微镜拍摄的照片，图中晶体为铁电罗息盐[1]。法国人Valasek于1921年在*Physical Review*上首次报道此材料的电位移矢量和电场间存在滞后关系[2]，图1-1（b）为铁电电滞回线，其中，E_c代表铁电材料的矫顽场，P_s表示铁电材料的饱和极化强度，P_r表示铁电材料的剩余极化强度。由图1-1（b）的电滞回线得出，当外电场为零时，铁电材料存在稳定的剩余极化，且剩余极化可被外电场翻转，利用这一特性，铁电材料被广泛地应用于现代电子器件中[3-6]，如铁电随机存储器[7-11]、铁电场效应晶体管[12-17]、铁电二极管[18-22]及铁电隧穿结[23-27]等。根据铁电极化产生的微观机制，铁电材料可被分为两类：极性离子位移型铁电体和纯电子极化型铁电体。对于离子位移型铁电，自发极化源自阴阳离子位移，包括原子平衡位置相对于顺电相发生偏移的位移型相变和原子在顺电相存在多个平衡位置无序分布，而铁电相则趋于有序化的有序-无序型相变；对于纯电子极化型铁电体，自发极化仅来源于电子云畸变和不对称，这在多铁性稀土元素锰矿[28-30]中已得到证实。

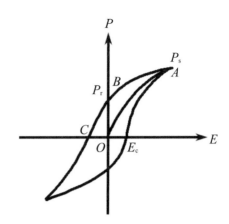
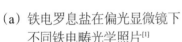

（a）铁电罗息盐在偏光显微镜下
不同铁电畴光学照片[1]

（b）铁电电滞回线

图1-1　铁电材料及物理特性

随着微纳电子器件的迅速发展，对铁电电子器件的要求越来越苛刻，更低功耗、更高集成度、更高速、更耐疲劳成了铁电材料的标配，甚至还要求兼具柔韧性、环保，与半导体工艺兼容等[31-33]。而以钙钛矿型为代表的传统铁电体，在厚度减薄至几个原子尺寸时，表面化学键的不连续性破坏了铁电体的结构，导致铁电性会被削弱甚至消失[34-38]。因此，制备出低维度及小尺寸的高性能铁电材料成为推动铁电器件进入纳米时代的关键挑战。

2004年，石墨烯的发现[39]，开启了二维材料的研究时代。随后，众多二维材料如雨后春笋般涌现，如过渡金属硫族化合物（TMDCs）[40]、二维单元素烯类（Xenes）[41]及h-BN[42]等。二维层状材料表面无悬挂键特性，赋予材料天然钝化表面，即使材料的厚度降到单原子层，母体块材的性质依然得以保留，比如二维铁磁三氯化铬（$CrCl_3$）[43-47]、铬锗碲合金（$CrGeTe_3$）[48-51]及铁锗碲合金（Fe_3GeTe_2）[52-55]。二维材料的这一属性为解决铁电材料的临近尺寸效应提供了一条新的路径。目前对二维铁电材料的探索主要分为两个方向：一是寻找具有本征室温铁电性的块体对其进行解离至几个原子层厚度；二是将不具备空间反演对称性破缺的非极性单层材料进行人工堆垛成极性二维铁电材料。

在本章中，首先介绍铁电理论及临界尺寸效应，随后介绍二维层状铁电材料的物理特性及研究进展，最后介绍二维铁电体器件研究。

1.2 铁电理论及临界尺寸效应

为了更深入地理解铁电性的产生及稳定性，20世纪40年代，Ginzburg和Devonshire将朗道结构相变理论应用于铁电中，提出Ginzburg-Landau-Devonshire（GLD）唯象理论[56]；从20世纪60年代开始，人们在铁电微观理论方面取得重大进展，提出了软模理论，从原子和晶格的角度阐述了铁电性的起源[57]。低维铁电材料一直是铁电领域内研究的热点，因为退极化场和表面效应的存在会导致低维铁电材料的铁电性减弱甚至消失[58]。因而本节将介绍铁电的唯象理论、微观理论以及铁电的临界尺寸效应。

1.2.1 Ginzburg-Landau-Devonshire唯象理论

铁电材料在居里温度以上时，系统处于高度对称，内部有序化程度降低，宏观自发极化为零；而当温度降低到居里温度以下时，铁电材料的对称性破缺，有序化程度提升，此时体系的宏观自发极化不为零。朗道相变理论将体系的对称性变化和体系内部的有序化程度结合起来，描述系统内部有序化程度的参量称为序参量。朗道相变的基本思想是将体系的相变自由能展开为序参量的幂级数，用于处理连续相变的体系。Ginzburg和Devonshire两人进一步发展这种理论并成功地将朗道相变理论推广至一级相变中，提出能够处理一级和二级铁电相变的自由能表达式[59]。对铁电相变而言，系统的序参量为自发极化强度，因而系统的自由能展开为如下公式：

$$G = G_0 + \frac{1}{2}A(T - T_C)P^2 + \frac{1}{4}BP^4 + \frac{1}{6}CP^6 \qquad (1\text{-}1)$$

式中，G 和 G_0 表示有序相和无序相的自由能；系数 A、B、C 与温度无关，为铁电材料本征参数；T 为温度，T_C 为居里温度；P 为铁电极化强度。对于一级相变：A，$C > 0$，$B < 0$；而对于二级相变：A，$B > 0$，$C = 0$。依据式（1-1），铁电系统的自由能 G 和序参量极化强度 P 的图像呈现出经典的铁电双势阱能量图，如图1-2所示。图中能量的极小值点表示铁电材料两个极化方向不同的稳定极化状态，两个极化状态在能量上是简并的。在2008年，Sayeef Salahuddin等人应用铁电双势阱模型理论推测出铁电极化在翻转过程中会出现负电容效应，并将铁电材料替换场效应晶体管中非极性栅极介质层构筑出低压、低功耗的铁电负电容晶体管[60]。

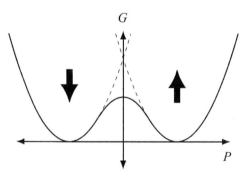

图1-2　铁电双势阱能量图[61]

1.2.2 铁电相变微观理论

相较于成熟的由朗道理论演化出来的铁电热力学相变理论，从原子尺度上理解铁电极化的产生发展较为缓慢。这主要是由于早期的铁电材料的结构较为繁杂，难以测量出精确的晶体结构，并且铁电极化起源比较复杂，与晶体结构、电子结构、长程和短程相互作用等相关联[62]。直到氧化物钙钛矿型铁电出现，Cochran[62-64]和Anderson[65]基于离子位移型体系指出铁电相变应该在晶格动力学范畴内研究，建立了软模微观理论。

软模理论的基础是晶格振动。在晶体中，原子在围绕平衡位置做微振动时会产生两类波：一类是声学模，另一类是光学模。在声学模中，相邻原子正负离子是同向运动的，极性并不会跟随变化，因此声学模的软化不会产生自发极化。而在光学模中，相邻原子是相向运动的，伴随着极化的产生。铁电软模理论的核心是铁电性的产生来源于晶胞中布里渊区中心的光学横模的软化，此处的软化意味着晶格振动频率的降低。当晶格振动频率为零时，原子不再回复到初始的平衡位置，这样的现象被称为"冻结"或"凝结"。当环境温度降低到铁电材料的居里温度以下时，晶胞布里渊区中心的光学横模被"冻结"，晶体中的正负离子不能再重返到初始的高对称性的平衡位置，这样就形成了电偶极矩，晶体产生了宏观的自发极化现象。后来，研究人员发现软模理论同样也适用于有序-无序型铁电体系。需要注意的是，在有序-无序型铁电系统中，铁电发生相变时应该将软化的群激发处理成赝自旋波[66-67]。

1.2.3 临界尺寸效应

在摩尔定律的驱动下，铁电器件朝着微型化、集成化、功能化方向发展，这就要求铁电材料的维度进入纳米尺度。然而，当传统铁电材料的厚度减小到几纳米量级时，材料的表面退极化效应显著，材料铁电性会显著减弱甚至消失，这就是铁电材料的"临界尺寸效应"。

早在1973年，Mehta等人[68]从退极化场角度考虑，发现铁电材料的自发极化稳定性与铁电薄膜厚度息息相关。在该模型中，铁电薄膜的退极化场表述为

$$E_{FE} = \frac{q_e + P}{\varepsilon_0 \varepsilon_F} \qquad (1-2)$$

式中，ε_0 表示真空介电常数；ε_F 表示铁电材料的介电常数；P 表示铁电材料的饱和极化强度。在短路情况下，金属电极的屏蔽电荷 q_e 和铁电极化电荷 P 由式（1-3）联系起来：

$$q_e = -P \frac{\dfrac{l}{2\varepsilon_F}}{\dfrac{l_s}{\varepsilon_e} + \dfrac{l_s}{2\varepsilon_F}} = -\theta \times P \qquad (1-3)$$

式中，l 表示铁电薄膜的厚度；l_s 表示电极屏蔽电荷长度；ε_e 表示金属电极的介电常数。将式（1-3）带入式（1-2）中，此时铁电薄膜的退极化场公式为

$$E_{FE} = -\frac{P}{\varepsilon_0 \varepsilon_F} \times (l - \theta) \qquad (1-4)$$

从式（1-4）得到，当铁电薄膜厚度 l 趋于无穷时，铁电薄膜不存在退极化场。Batra 等人[69]也从退极化场理论得出，铁电薄膜的自发极化稳定性的条件是薄膜厚度在 400 nm 以上。随后的十几年时间里，受限于材料生长技术的限制，低维铁电薄膜的研究一直停滞不前。直到 1998 年，Bune 等人在 2 nm 厚度的聚合物聚偏氟乙烯-三氟乙烯[P（VDF-TrFE）]中观察到铁电信号，这突破了铁电薄膜在物理尺寸上的限制[70]。一年后，Tybell 等人[71]通过磁控溅射技术制备出高质量的锆钛酸铅（PbZr$_{1-x}$TiO$_3$）薄膜，其样品在减薄到 4 nm 厚度时，铁电性仍然可以稳定地存在。尽管目前铁电薄膜的厚度在不断地突破临界尺寸，但是其背后的物理机制仍然不明确，制备超薄的极化稳定的铁电薄膜依旧是目前铁电领域内的研究热点。

1.3 二维层状铁电体

自2004年石墨烯发现以来，许多二维层状材料展现出稳健的面内及面外铁电性。在本节中，依据铁电性产生的机理将铁电体分为两类：一类与传统铁电材料类似，单原子层内离子位移使得晶体结构对称性破缺产生极化；另一类是非极性单层材料，此材料极化的产生源自相邻层间堆垛结构的改变。本小节将对前一种铁电体的基本铁电物理特性以及后一种铁电体的研究进展进行详细的介绍。

1.3.1 离子位移型铁电体

离子型铁电铜铟硫代磷酸盐（$CuInP_2S_6$）属于典型的二维铁电材料。Maisonneuve等人在1995年利用单晶X射线衍射解析出室温下$CuInP_2S_6$为单斜对称性的晶格结构，具有范德华层状结构。$CuInP_2S_6$单层材料由硫原子通过共价键的形式形成紧密堆积的八面体框架，同时铜阳离子、铟阳离子和磷-磷对形成三角构型占据八面体空间，CuS_6八面体、InS_6八面体和P_2S_6八面体网络交替排列，如图1-3（a）所示[72]。邻近的两单层材料之间铜原子和磷原子对位置互换，相邻的两层材料构成了块体单晶的对称性。两年后，Maisonneuve等人测出$CuInP_2S_6$块体单晶在室温下的极化强度为3.01 μC/cm²。$CuInP_2S_6$中居里温度以下的面外铁电性来源于铜离子和铟离子的不对称偏移[73]。

2015年，Belianinov等人通过化学气相输运制备出高质量的$CuInP_2S_6$单晶，将$CuInP_2S_6$解离在二氧化硅绝缘衬底上，观察到50 nm厚度的$CuInP_2S_6$存在稳定的室温铁电畴结构及可翻转的极化信号[74]，这引发了对二维层状铁电材料的研究热潮。Liu等人在实验上将绝缘硅衬底改为导电硅衬底，改善了样品的退极化场，在4 nm厚度下进行压电力显微镜单点测量时，观察到样品的相位与电场之间存在明显的滞后行为，且振幅为明显铁电信号的"蝶形曲线"，如图1-3（b）所示，这证明了$CuInP_2S_6$室温面外铁电[75]，他们进一步在相邻的区域施加反向的极化电场，构建出稳定的相邻铁电畴结构，如图1-3（c）所示。$CuInP_2S_6$也是目前唯一报道的具有负的纵向电致伸缩和压电系数的无机铁电材料。由于铜阳离子在层内和层间的可位移性，Brehm课题组[76]通过理论计算绘制出的$CuInP_2S_6$铁电自由能和极化序参量并非传统的双势阱关系，而是铁电四势阱模型，如图1-3（d）所示。该四势阱模型指出，当铜离子在进入层间与邻近层硫原子成键后会形成高能极化态，铜离子的位移距离为2.25 Å，极化大小为11.26 $\mu C/cm^2$；而铜离子在层内进行偏移时，位移距离为1.62 Å，极化状态为低能极化态，极化强度为4.93 $\mu C/cm^2$，如图1-3（e）所示。

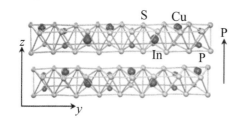

（a）$CuInP_2S_6$的原子结构图[75] 　（b）4 nm厚度的$CuInP_2S_6$压电力显微镜测量的相位和振幅图[75]

（c）$CuInP_2S_6$用探针构建的相邻铁电畴[75] 　（d）铁电四势阱能量图[76]

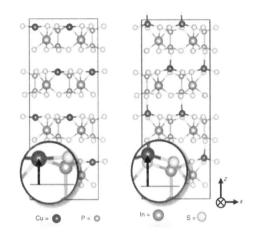

（e）铜离子在样品中的不同占位情况[76]

图 1-3　二维 CuInP₂S₆ 铁电性

备受研究人员关注的另一种二维铁电体为三硒化二铟（In_2Se_3），不同于 CuInP₂S₆ 良好的绝缘性，In_2Se_3 是首个被发现的二维范德华铁电半导体。单层 In_2Se_3 由五个原子 Se-In-Se-In-Se 按照次序构成，而层与层之间的堆叠序的不同形成了五种不同的相结构（α、β、γ、δ及κ），如图1-4（a）所示[77]。室温条件下，在这五种相结构中，α相是稳定相，β相属于亚稳相。α相又分为 2H 相和 3R 相，这两种晶系均存在面内和面外铁电性。Ding 等人[78]通过第一性原理计算发现单层的 In_2Se_3 中的闪锌矿、纤锌矿及面心立方结构均属于高能量状态，此时最顶层的硒原子与第二层铟原子垂直对应，如图1-4（b）右上角所示。在高能量状态情况下，最顶层硒原子只需要横向偏移一定的键长，就会形成两个能量简并的铁电闪锌矿相及铁电纤锌矿相，而面心立方结构则形成了亚稳铁电相β相，所有的这些铁电相均具有半导体特性。在稳定的铁电相结构中，位于顶层和底层的硒原子都处于邻近铟原子层的空位上，处于中间的硒原子层与相邻的铟原子层形成一个四面体配位，其中硒原子一面垂直连接铟原子，三个铟硒化学键连接另一侧，如图1-4（b）右下角所示。中间硒原子层与邻近的铟原子层不对称层键导致了面外铁电性的产生；而硒原子层的偏移导致面内中心反演对称性破缺诱导出面内的铁电性。

2018 年，Cui 等人通过化学气相沉积制备出α相和β相两种 In_2Se_3。β-In_2Se_3 并没呈现出铁电性；而在α相中，观察到明显面内面外耦合的铁电性，如图 1-4（c）所示，利用压电力探针施加相反的电压可以在样品中写入极性相反的相邻的铁电畴，在写入面外电畴时，发现面内的电畴极性也随之发生改变[79]。

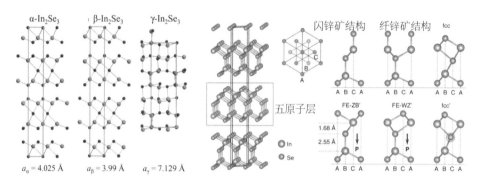

（a）In_2Se_3 不同相结构的原子
结构侧视图[77]

（b）In_2Se_3 铁电相变的原子结构示意图[78]

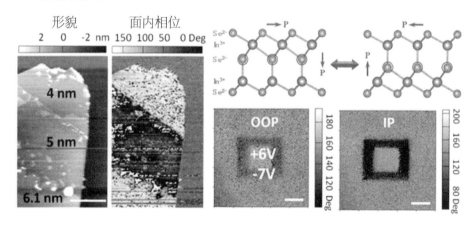

（c）In_2Se_3 面内面外铁电耦合的压电力信号[79]

图 1-4　二维 In_2Se_3 铁电性

除了上述的两类典型的二维铁电材料外，研究人员在硫化锡（SnS）[80-81]、碲化锡（SnTe）[82-83]及外延碲化锗（GeTe）[84]等二维材料中均观察到面内或面外的铁电性。

1.3.2 层间滑移铁电体

目前已报道的大多数二维层状材料的铁电性[81，85-93]，在物理机制上并没有超越传统铁电物理学原有的理论范畴，即离子位移引起的晶格对称性破缺诱导出单层材料的电极化。直到2017年，Wu等人在理论上提出一种全新的铁电体——滑移铁电体[94]，理论预测多数二维材料在双层或多层中可通过某些堆叠方式打破空间反演对称性破缺产生垂直极化，并在电场下可通过层间水平滑移翻转极化矢量方向，而其转角下的摩尔超晶格也将呈现周期性的铁电畴[94-96]。这种独特铁电机制随后在一系列二维材料体系中得到实验证实，其时间发展线如图1-5所示。本小节将详细叙述滑移铁电体的进展。

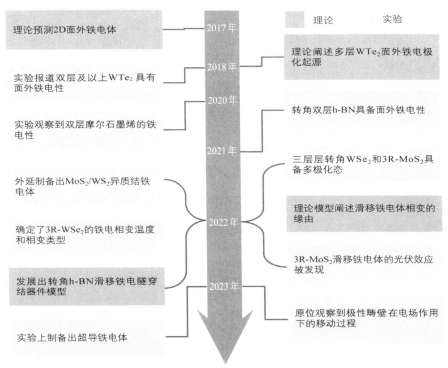

图1-5　二维层间滑移铁电体发展的关键时间点

以WTe₂为例，对天然层间对称性破缺的滑移铁电体进行理论上的分析。Yang等人报道在双层WTe₂结构中，如图1-6所示（图中箭头表示铁电极化方向），态Ⅰ中的Te₀和Te₃原子上所带的电荷分别为0.077 e和0.073 e，此时上下两层之间的电荷是非对称的；态Ⅱ时，Te₀和Te₃原子所带的电荷正好与态Ⅰ相反。即双层WTe₂的态Ⅰ和态Ⅱ的几何结构是中心水平面上镜面对称的，同时也可以通过层间滑移相转换。由于两层之间的非对称性产生未补偿的电荷转移从而形成了面外极化[97]。

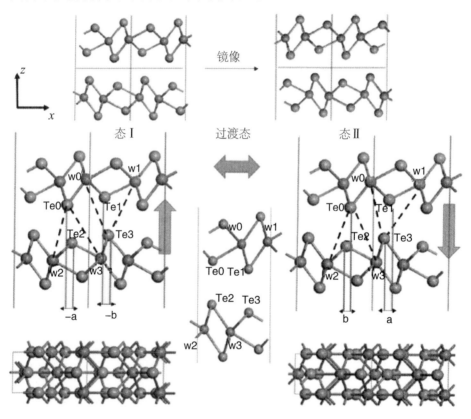

图1-6 天然滑移铁电双层1T'-WTe₂的态Ⅰ和态Ⅱ的几何结构[97]

图1-6中，态Ⅰ是双层WTe₂的基本几何结构，通过中心镜面操作得到态Ⅱ，态Ⅰ和态Ⅱ能量上是简并的，其差别在于垂直极化矢量方向发生了翻转，而在实际过程中镜面操作是难以实现的，因而考虑另一条极化翻转

路径。就态 I 而言，沿着 x 方向的 Te_0 与 Te_2 原子之间的水平距离为 -0.32 Å，而 Te_1 与 Te_3 原子的水平距离为 0.40 Å；要得到极化翻转的态 II，只需要将态 I 中上层的 WTe_2 沿着 x 轴方向移动 0.72 Å，即 Te_0 与 Te_2 原子和 Te_1 与 Te_3 原子之间距离之和。态 II 中 Te_0 与 Te_2 原子之间的水平距离为 0.40 Å，而 Te_1 与 Te_3 原子之间的水平距离为 0.32 Å，这样实现了面外铁电的极化翻转，从态 I 的极化向上变为态 II 的极化向下（图中箭头所示）[97-99]。

1. 滑移铁电半金属

WTe_2 是首次在实验上报道的滑移铁电半金属体系。Fei 等人发现当 WTe_2 的层数在两层以上时，器件的电导在垂直电场扫描时出现了明显的铁电双稳态，如图 1-7（a）所示；而在中心对称结构的单层 WTe_2 中，器件的电导在垂直电场双扫过程中呈现非极性态，这表明 WTe_2 的铁电性并非来源于极性离子位移。同时，在文献 [100] 中，作者巧妙地利用单层石墨烯作为极化强弱的探测层，如图 1-7（b）所示，定量的计算出双层 WTe_2 的极化大小为 2×10^{11} e/cm^2 [100]。

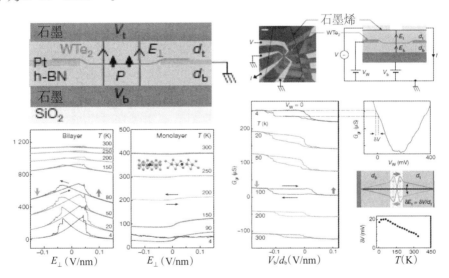

（a）器件结构和双稳态电导曲线　　（b）铁电极化强度测量器件结构示意图

图 1-7　滑移铁电半金属 WTe_2 电学实验验证[100]

2019 年，Sharma 等人应用压电力响应显微镜在块体正交相 WTe$_2$（T$_d$-WTe$_2$）上进行了压电信号滞回测试。实验结果显示，压电力显微镜振幅响应出现典型的"蝴蝶曲线"，其对应的相位表现出极化翻转。在文献[101]中，研究者认为多层 T$_d$-WTe$_2$ 的铁电极化翻转是靠层内的 W 原子的等价位移，而不是通过整体 WTe$_2$ 的层间滑移实现的，如图1-8（a）所示[101]。Xiao 等人通过原位拉曼光谱表征发现改变掺杂浓度并不会影响层内振动声子模式的强度。相反，层间剪切应变的声子模式会在到达临界掺杂浓度时迅速减弱，意味着该结构相变并非源于原子层内化学键的变化，而是相对的层间滑移，这也进一步验证了 T$_d$-WTe$_2$ 滑移铁电性的起源。总的来说，仅电荷掺杂或单一栅极调制得到的相变是通过层间滑移实现的 T$_d$ 相与扭曲正交相（1T'）之间的切换。表明在少数层 T$_d$-WTe$_2$ 中电场驱动的结构相变，是通过整体层间滑移改变层间堆叠的方式，同时结构堆叠的改变发生在铁电翻转的过程中，其中非极性的单斜相为翻转的中间态，如图1-8（b）所示；这一结构相变由拉曼光谱表征得到确认，如图1-8（c）所示。同时，在该工作中，作者基于少层 T$_d$-WTe$_2$ 的铁电性与贝里曲率相关联机制而制作出贝利曲率非易失存储器，写入能耗仅为 0.1 aJ/nm^2，比传统的动态随机存储器件和锗锑碲合金（Ge$_2$Sb$_2$Te$_5$）相变存储器低约 3～5 个数量级[102]。

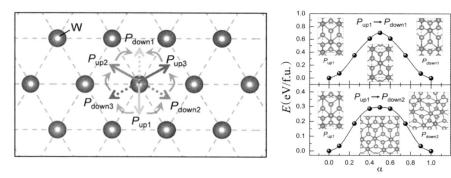

（a）T$_d$-WTe$_2$中不同畸变矢量的示意图及 T$_d$-WTe$_2$中相反极化状态的能量演变图[101]

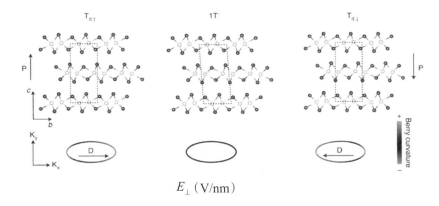

（b）电场驱动下三层WTe$_2$间不同的堆叠次序[102]

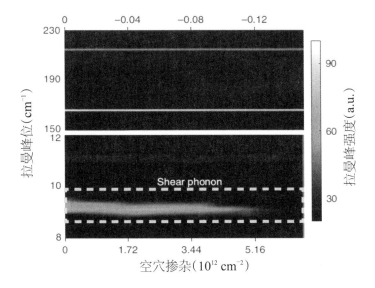

（c）拉曼光谱对WTe$_2$在电场驱动下的相变测量[102]

图1-8　滑移铁电半金属T$_d$-WTe$_2$第一性原理计算及拉曼光谱

　　鉴于超薄的二维材料自身的载流子浓度能够被静电栅压调控，铁电材料的铁电极化可翻转性与载流子浓度之间的关系可据此得到实验上的验证。Barrera等人通过电容传感器在双栅极器件上直接探明了T$_d$-WTe$_2$铁电极化翻转的过程及样品中载流子浓度对铁电翻转的影响，结果如图1-9（a）所示。研究人员发现：双层T$_d$-WTe$_2$有电子掺杂时净剩自发极化值几乎不受影响，而在空穴掺杂时样品的净剩自发极化值迅速地衰减。这是由于每一层的WTe$_2$的价带和导带的态密度是非等价的，价带的不平衡性远高于导带的不平衡性，因此空穴在填充价带时会迅速地抑制样品的自发极化[103]。类似地，Eshete等人合成了极性正交相二碲化钼钨合金（T_d-Mo$_{1-x}$W$_x$Te$_2$）铁电半金属，结合变温及通过栅极电压调控样品中自由载流子掺杂浓度得到了铁电半金属中的铁电极化可翻转性与载流子浓度和温度之间的相图。如图1-9（b）所示，在高温和高载流子浓度情况下铁电极化无法被翻转；当温度低至1.7 K时，样品中载流子浓度即使高达1.1×10^{13} cm^{-2}，极化矢量方向依然能被外电场翻转[104]。

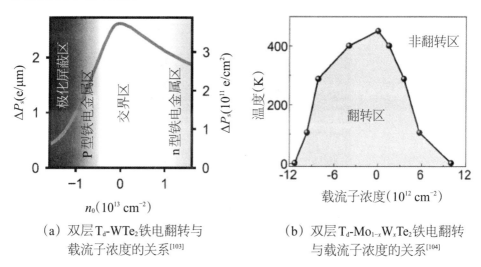

（a）双层T_d-WTe$_2$铁电翻转与载流子浓度的关系[103]

（b）双层T_d-Mo$_{1-x}$W$_x$Te$_2$铁电翻转与载流子浓度的关系[104]

图1-9　滑移铁电半金属的铁电极化可翻转性与载流子浓度的关系

通常来说，超导性和铁电性被认为是彼此相斥的，因为超导体中形成电子库珀对之后可以非常好地导电，而这种高导电性则会抵消铁电极化。而Jindal等人报道，一种铁电超导体——半金属正交相二碲化钼（T_d-MoTe$_2$），结构如图1-10（a）所示，实现了超导性与铁电性的共存，且这种特性可以切换材料的超导性。图1-10（b）展示了T_d-MoTe$_2$的铁电性。当施加电场时，样品的电阻能以按照铁电极化翻转的方式进行切换，同时在2 K向超导状态转变，从而使得该材料成为铁电超导体，如图1-10（c）所示。研究者们随后探究了低温下材料的电阻情况，从而揭示铁电性和超导性之间的相互作用，发现铁电性和超导性之间是紧密耦合的，并可实现对超导性的控制。当施加外电场翻转铁电极化时，材料可以立刻从零电阻的超导体材料转变为非零电阻的正常金属，且得益于极化变化的方式，该切换过程具有较好的保持特性。具体而言，T_d-$MoTe_2$在施加脉冲外电场后，材料从超导态转变为正常金属态，并无限期地保持这种状态，直到施加下一个脉冲改变铁电极化方式，如图1-10（d）所示[105]。

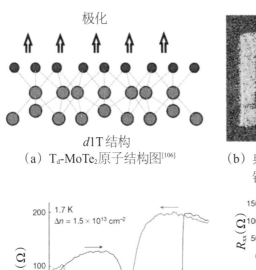

（a）T_d-$MoTe_2$原子结构图[106]

（b）典型的T_d-$MoTe_2$纳米片的铁电"回"形图[106]

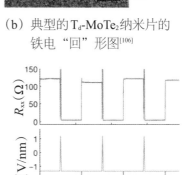

（c）T_d-$MoTe_2$器件的双稳态和超导态的"蝶形曲线"[105]

（d）T_d-$MoTe_2$器件可逆切换的超导态和正常电阻态[105]

图1-10　滑移铁电半金属双层T_d-$MoTe_2$的结构图及铁电超导性共存

2. 滑移铁电半导体

研究人员除了在二维材料体系中发掘出滑移铁电半金属，也陆续地报道滑移铁电半导体。Mao等人通过第一性原理分析出双层扭曲单斜相二硫化铼（1T'-ReS_2）的结构中铁电性和层间滑移是强相互耦合的，而在单层

1T'-ReS₂结构中由于结构对称性并不存在铁电性，如图1-11（a）所示。在实验上，Mao等人成功地使用压电力显微镜在1T'-ReS₂纳米片上通过相反的极化电压写入了相邻的铁电畴结构，如图1-11（b）所示，同时相位和振幅测试中出现典型的铁电滞回框和"蝴蝶曲线"，证明多层1T'-ReS₂的铁电性。二次谐波测试表明1T'-ReS₂的居里相变温度在405 K左右。Mao等人也制备出1T'-ReS₂的滑移铁电隧穿结，其中以金属和单层石墨烯为接触电极。利用石墨烯的狄拉克点低态密度，费米能级位置对载流子浓度敏感特性，通过翻转双层1T'-ReS₂的铁电极化调控石墨烯的费米面，改变隧穿势垒，实现了铁电隧穿结的"开启"和"关闭"[107]。

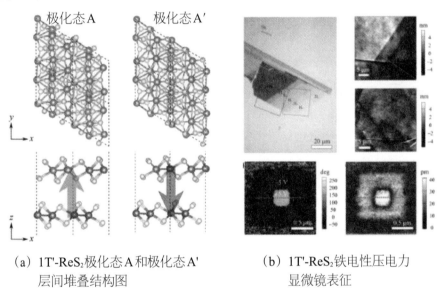

（a）1T'-ReS₂极化态A和极化态A'
层间堆叠结构图

（b）1T'-ReS₂铁电性压电力
显微镜表征

图1-11　滑移铁电半导体1T'-ReS₂堆垛结构及铁电性研究[107]

3R-MoS₂也是一种备受关注的滑移铁电半导体，其结构如图1-12（a）所示，在3R堆叠的构型中，单层是中心对称结构，而层间是满足空间反演对称性破缺，这表明3R-MoS₂具备滑移铁电性。理论计算表明3R-MoS₂具有半导体特性：块体带隙在1.1 eV，双层样品的带隙在1.6 eV[108]。M. B. Shalom课题组利用开尔文表面电势显微镜表征相同层数的3R-MoS₂时发现层间界面电势差处于解耦合状态，如图1-12（b）所示，这是多层界面的铁电极化处于不同极化方向导致的，与传统的铁电材料中极化态仅由界面的束缚电荷决定截然不同，滑移铁电这一特性为设计多态"阶梯铁电体"提供了一种新的途径[109]。

当前发现的铁电材料大多数为宽带隙的绝缘体，其铁电光伏的短路电流一直处于较低状态，同时自然光中仅有紫外波段的光能够被有效地吸收，对太阳光的利用率不高，因此铁电光伏效应一直未能在应用层面取得实质性进展。有研究人员指出，窄带隙特的铁电半导体或许能够摆脱这一困境。根据理论计算 3R-MoS$_2$ 的带隙在 1.1 eV 左右，Ye 等人[110]利用 3R-MoS$_2$ 的均匀极化特性及诱导出的退极化场，构建出石墨烯/3R-MoS$_2$基光伏器件，器件结构如图1-12（c）所示。一方面，少层3R-MoS$_2$比大多数氧化物基铁电薄膜更薄，退极化场效应更为显著；另一方面，由于单层石墨烯在狄拉克点处的低态密度特性，接近95%的极化电荷无法被石墨烯电极屏蔽，因而器件展现出较大的退极化场。光伏器件的伏安特性曲线如图1-12（d）所示，在暗态情况下电流-电压曲线未出现偏移，在 532 nm 激光照射下，器件呈现出 40 nA 的短路电流和 0.05 mV 的开路电压，而在空间反演对称的 2H-MoS$_2$ 中，光照条件下器件仅出现电导上升的情况，并未观察到开路电压和短路电流。双层 3R-MoS$_2$ 的相反铁电畴结构的器件光电流出现了明显的异号。在室温下 3R-MoS$_2$ 光伏器件的外量子效率高达 16%，比目前测试出的体光伏器件的最高效率还要高一个数量级[111]。

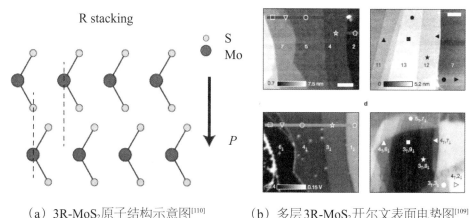

（a）3R-MoS$_2$原子结构示意图[110]　　（b）多层3R-MoS$_2$开尔文表面电势图[109]

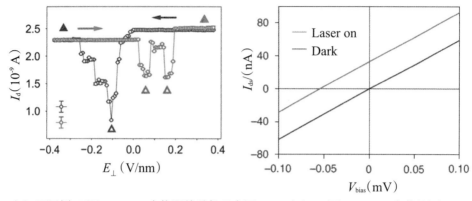

（c）石墨烯/双层3R-MoS₂光伏器件结构示意图　　（d）双层3R-MoS₂光伏测试[110]

图1-12　滑移铁电半导体3R-MoS₂堆垛结构及铁电性研究

最近，有研究者在掺杂钇元素的γ-InSe中观察到非常规的面外和面内室温铁电现象，晶体结构如图1-13（a）所示。在掺入钇后γ-InSe的可塑性降低，使得样品的表面变得更为平整和无褶皱，二次谐波信号测试表明样品处于空间反演对称性破缺，如图1-13（b）所示，通过多个样品的测量排除了材料内部正负电荷不重合导致的空间对称性破缺的可能性。压电力显微镜测试中样品的振幅出现典型铁电的"蝶形曲线"及振幅在电场扫描下的滞回现场，这证明了掺杂后的γ-InSe具备铁电性。同时50 nm厚的掺杂的γ-InSe薄片有效压电常数为7.5 pm/V，比未掺杂的γ-InSe高一个数量级[112]。进一步的微观结构解析揭示了钇在γ-InSe中引入各向异性应力/应变对非常规极化的主导作用，并导致相应的微观结构修饰，包括堆垛断层的消除和由层内压缩和连续的层间预滑移引起的微妙的菱形变形。

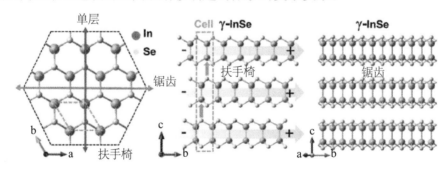

（a）γ-InSe原子结构顶视图和侧视图

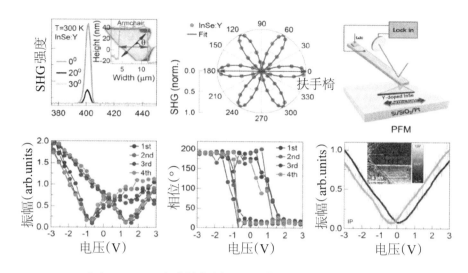

（b）γ-InSe二次谐波信号及压电力显微镜相位和振幅图

图1-13　滑移铁电半导体γ-InSe层间堆垛构型及铁电性研究[112]

目前报道的多数滑移铁电体均是相同的单层材料通过改变层间的堆叠次序产生铁电性。而最近Rogée等人报道了在MoS_2和二硫化钨（WS_2）异质结双层中实现了铁电性。笔者通过简单的一步化学气相沉积合成零角度的MoS_2与WS_2异质结双层。双层异质结的铁电性由压电力显微镜确认。图1-14展现出压电力测试出样品的面外的铁电性和压电性，并且样品的d_{33}压电常数为1.95～2.09 pm/V，比位移型单层In_2Se_3面外压电常数高约6倍。笔者通过密度泛函理论计算发现MoS_2/WS_2自发地打破对称性产生自发极化，而极化的翻转依靠层间滑移并非通过层间的转动形成摩尔铁电畴[113]。同时笔者测试了双层MoS_2/WS_2铁电隧道结的电学性能，器件在施加完–5 V的极化电压后，势垒的提升减少了电子隧穿的概率，此时器件处于高阻态，而当施加完5 V电压后，器件变成低阻态。器件的开关比高达10^3，需要注意的是，在调控器件的高低阻态的过程中，探针所施加的极化电压超过铁电翻转的矫顽场，施加1 V电压的时候，器件的电阻在电压双扫过程中并未出现翻转的情况，而当电压为3.5 V时，高低电阻呈现出明显的切换，这表明了MoS_2/WS_2可以应用于非易失性存储器。

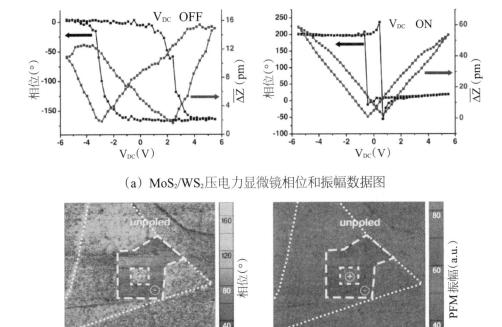

（a）MoS₂/WS₂压电力显微镜相位和振幅数据图

（b）MoS₂/WS₂在极化前后的压电力显微镜相位和振幅图谱

图1-14　非转角MoS₂/WS₂异质结滑移铁电性实验证据[113]

1.3.3　人工滑移铁电体

在天然滑移铁电体中，其母体材料需要自发打破空间对称性破缺，这限制了滑移铁电材料的扩展。为打破这一限制条件，研究人员将非极性母体材料通过"剪切堆垛"工程将其构筑成极性材料。这一操作打破了滑移铁电的局限，由于"剪切堆垛"方式构筑铁电材料具有周期性摩尔纹，因此也将这样的人工滑移铁电材料称为摩尔铁电。需要注意的是，在人工滑移铁电中，极化翻转是通过层间的平面小角度转动实现的。

以下以h-BN为例，分析人工滑移铁电体的极化来源及极化翻转机制。

h-BN块体晶体具有层状结构，层内硼（B）和氮（N）原子交错排列成六角蜂窝结构，层间按照AA'的反平行方式堆垛，此时h-BN晶体是空间反演对称的，呈现出非极性状态，如图1-15（a）左上角图所示；当层间按照AA的平行方式堆垛，层间成镜像对称性时，h-BN晶体打破空间反演对称性，呈现出极性状态，如图1-15（a）左下角图所示，但此结构构型处于亚稳状态。通过对BN进行"剪切堆垛"后，形成由AA、AB和BA堆叠组成的摩尔图案，在经过晶格弛豫后，此摩尔图案重构成由畴壁、大面积三角形AB和BA堆叠区域和AA区域。其中AB和BA构型打破空间反演对称性，由N原子$2P_z$轨道畸变诱导出垂直于面外的铁电极化，如图1-15（b）所示。由于AB和BA的结构构型具有镜面对称性，因此在转角BN体系中AB和BA堆叠区域的铁电极化方向正好相反[114]。

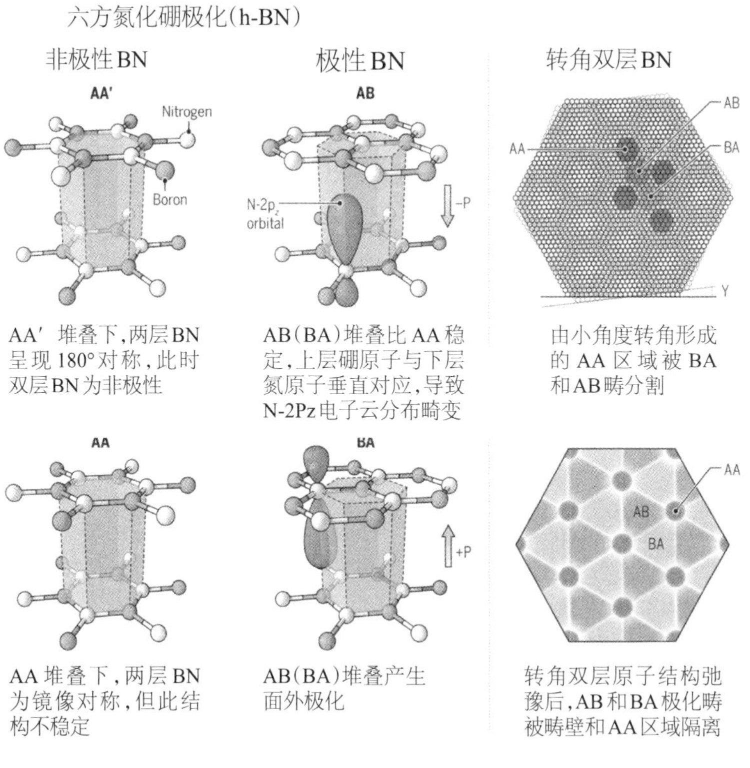

图1-15 非极性与极性h-BN堆垛构型示意图[114]

1. 人工滑移铁电绝缘体

2021年，Woods课题组在小角度转角h-BN摩尔超晶格中通过压电力显微镜观察到了类铁电畴的电势分布。笔者认为这是由于h-BN界面弹性变形才形成的面外电偶极子，在此工作中笔者并未报道电偶极子的翻转[115]。

同年，Yasuda和Vizner同时通过电学输运测量和压电力显微镜观察到转角h-BN的室温面外铁电性。Yasuda等人[116]通过堆叠工程将双层h-BN平行堆垛实现了面外铁电性，如图1-16（a）所示。为了确认转角h-BN的铁电性，书中以石墨烯作为探测层，转角h-BN为介电层，在电学测量中观察到明显的石墨烯电阻由铁电极化切换造成的电阻变化滞回曲线，如图1-16（b）所示；同时转角h-BN的铁电性可以在室温的条件下得以维持。同样地，Vizner通过开尔文表面电势直接测量了转角h-BN的铁电界面极化，图1-16（c）呈现出明显的黑白衬度相反的电势，两者电势相差大约为100 mV。如图1-16（d）所示，在施加完正向电压后，原本高电势区域完全变成了低电势区域，证明此区域的铁电畴发生了翻转[117]。

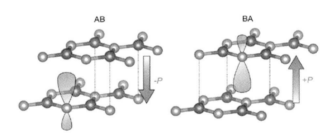

（a）反平行堆叠下h-BN的极化来源和极化翻转情形示意图[116]

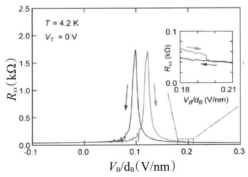

（b）石墨烯电阻和背部栅极电场的关系曲线[116]

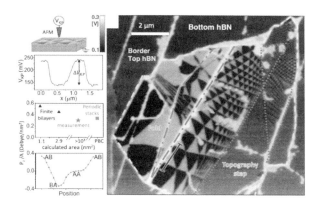

（c）转角h-BN的开尔文表面电势图[117]

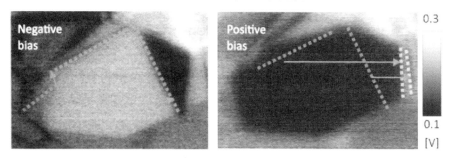

（d）转角h-BN的铁电翻转前后开尔文表面电势图[117]

图1-16 人工滑移铁电绝缘体层间堆垛结构及铁电性测试

Xue等人通过导电原子力显微镜测量发现转角h-BN中的铁电回滞具有高度空间依赖性，如图1-17所示。在高阻态畴上的电流-电压曲线中，回滞窗口完全位于正偏压区，呈现一种非传统的易失性。随着探测针尖逐渐靠近铁电畴壁的位置，回滞窗口逐渐靠近零偏压。而当探测点在畴壁上时，电流-电压回滞窗口呈现出与传统铁电材料类似的非易失性。当远离畴壁而进入低阻态畴之后，回滞窗口又完全移到了负偏压区[118]。

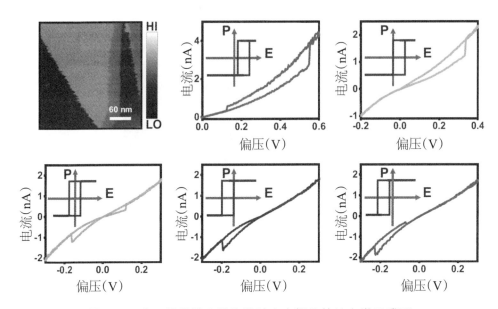

图1-17　人工滑移铁电绝缘体铁电空间依赖性电学回滞[118]

2. 人工滑移铁电半导体

2022年，P. J-Herrero 和 G. Roman 课题组同时报道了转角过渡金属硫化物的滑移铁电。如图1-18（a）所示，在双层样品中2H堆叠的构型满足空间反演对称性，而在3R堆叠时打破空间反演对称性，产生了面外铁电极化。如图1-18（b）所示，在压电力显微镜下转角过渡金属硫化物呈现出周期性的三角铁电畴分布。同时在石墨烯场效应晶体管中，在用滑移铁电半导体作栅极介电层时，石墨烯电阻呈现出由铁电极化翻转导致的回滞曲线；在非极性的介电层下石墨烯电阻在栅极电压双扫过程中完全重合，呈现出正常的晶体管转移特性行为，如图1-18（c）所示[119]。此外，通过原位的压电力显微镜测试，揭示了在滑移铁电体中铁电极化的翻转是通过畴壁的扩展和收缩完成的，在单畴的区域无法完成新畴成核这一步。

G. Roman 课题组则通过背散射电子直接观察到了滑移铁电畴在电场下的翻转行为，如图1-19所示，可发现铁电畴结构的变化依赖施加的垂直电场。在测试中，施加2.2 V/nm的电场将铁电极化方向预设置为朝上，随后施加-1.75 V/nm的垂直电场，发现原本深灰色的铁电畴区域变为了浅灰色，在外电场撤除后，这些畴结构维持不变；再施加2.2 V/nm电场时，铁电极化畴的分布和初始态一样；同时也存在一些不依赖于垂直电场的畴结构（图中箭头所指），其原因可能是畴结构被"钉扎"[120]。

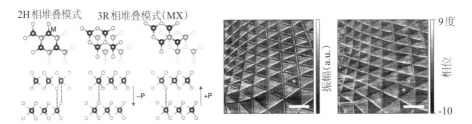

（a）不同堆叠构型的过渡金属硫族化合物　　（b）滑移铁电压电力显微镜图

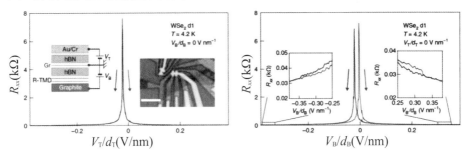

（c）滑移铁电器件电学输运曲线

图1-18　人工滑移铁电半导体[119]

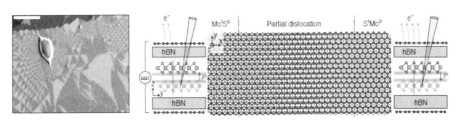

（a）典型MoS₂滑移铁电半　　（b）MoS₂滑移铁电半导体器件结构示意图
　　 导体背散射电子图像

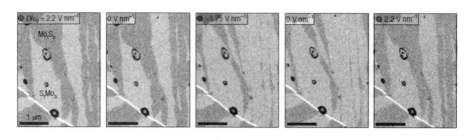

（c）电场作用下畴壁运动过程的背散射电子图像

图 1-19　MoS₂人工滑移铁电半导体[120]

2022年，Liu等人通过变温电学测量发现二硒化钨（WSe₂）人工滑移铁电半导体的铁电相变属于一级相变[121]。Mosquera等人指出传统铁电体顺电相的出现是由于在高于居里温度的情况下晶体结构对称增加，而对于人工滑移铁电，顺电相的出现是由于摩尔极化态在进行周期性的能量交换，导致宏观极化值在长时间尺度下平均值为零。

2023年，Philip课题组通过透射电子显微镜原位揭示了人工滑移铁电中转角角度和铁电极化畴之间的关联及极化畴的动力学过程[122]。如图1-20所示，在转角角度较大时，形成了摩尔反铁电相，宏观净极化量为零，同时由畴壁网络提供的拓扑保护阻止摩尔反铁电相向铁电相转变。只有通过减小转角角度，才能形成铁电相，此时宏观极化不为零。通过频闪动态原位透射电子显微镜，测量到铁电相的最大畴壁速度为300 μm/s。

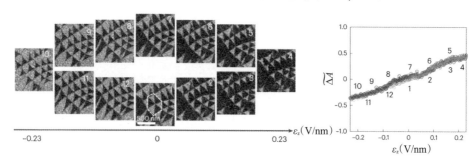

（a）摩尔反铁电相透射电子显微镜图

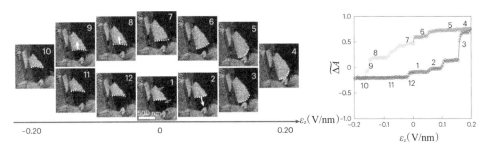

（b）相变过渡区的铁电相透射电子显微镜图

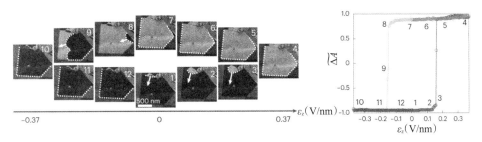

（c）铁电相透射电子显微镜图

图 1-20　摩尔反铁电相向铁电相过渡透射电子显微镜图[122]

3. 人工滑移铁电半金属

最近，双层 Bernal 构型的石墨烯在 h-BN 夹持下呈现出非常规的铁电性。通过在空间上将双层石墨烯和顶部（底部）h-BN 对齐，再将摩尔超晶格电位引入其中后，在施加面外电场时，石墨烯电阻具有典型而稳健的滞回行为，如图 1-21 所示。在经过系统的电学输运测量后，发现器件的铁电性随着电场的施加和电子的填充，展现出明显的非传统铁电体的框架。笔者进一步利用非局部单层石墨烯传感器直接测量了该体系铁电极化。其中笔者给出的一个可能的物理图像是层特定摩尔平带中的强关联作用导致双层石墨烯发生层间电荷转移，从而引起了铁电极化。这种新兴的非常规铁电性可以实现超快、可编程和原子薄的碳基存储设备[123]。

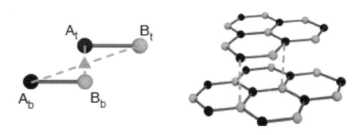

（a）双层Bernal构型石墨烯原子结构

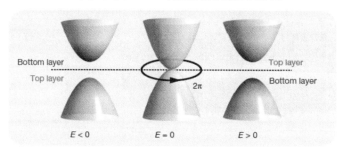

（b）垂直外电场下双层Bernal堆垛的石墨烯的能带结构及带边态的层间极化

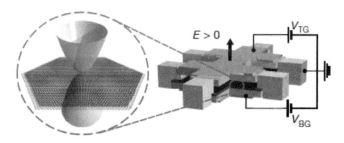

（c）h-BN/双层Bernal型石墨烯/h-BN的异质结器件构型

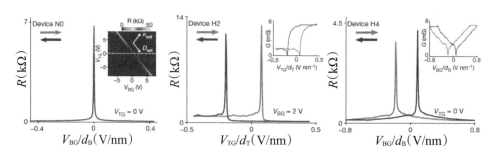

（d）不同栅极电压扫描方向下的石墨烯电阻曲线

图1-21　人工滑移铁电半金属电学输运特性[123]

2023年，Yang等人[124]针对上述现象提出一种跨层滑移铁电机制，其极化来源于次邻层堆叠构型的不对称性。当双层Bernal构型的双层石墨烯上下的单层BN平行堆叠时，如图1-22模型所示：最顶层BN层和第三层石墨烯层为AA堆叠，而第二层石墨烯层和第四层的BN层则为AB堆叠。这种不对称的跨层堆叠使得双层石墨烯电荷分布不对等，从而产生垂直极化。并且，这样的跨层堆叠模式可在外加电场作用下翻转到极化矢量方向相反的态，即第一层BN层和第三层石墨烯层为AB堆叠，而第二层石墨烯层和最底层的BN层则为AA堆叠。

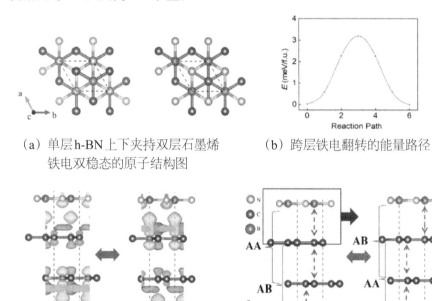

（a）单层h-BN上下夹持双层石墨烯　　　（b）跨层铁电翻转的能量路径
　　　铁电双稳态的原子结构图

（c）跨层铁电不同极化态情况下的差分　（d）两层同时平移时，xy平面上的
　　　电荷密度分布　　　　　　　　　　　　　能量和极化情况

图1-22　新型跨层滑移铁电体的理论计算模型[124]

1.4 二维铁电体器件研究

传统铁电材料在低维化时遭遇一系列问题，如晶格适配引起的界面问题及与集成电路的兼容性。而表面无悬挂键的二维铁电成功地避免了上述问题。二维铁电体被发现后，迅速地被应用于低压低功耗的电子器件（铁电负电容晶体管）、非易失性存储器件及铁电光伏器件研究。目前，基于二维铁电体的器件性能研究主要集中于离子位移型铁电体，而滑移铁电体处于蓄势待发阶段。因此，本小节主要综述$CuInP_2S_6$和α-In_2Se_3的器件研究。

1.4.1 二维铁电负电容晶体管

玻尔兹曼分布限制导致场效应晶体管的亚阈值摆幅不能低于60 mV/dec，2008年，Sayeef Salahuddin等人[60]发现铁电极化在翻转过程中铁电体系的自由能曲率出现了负数情形，这就是铁电负电容效应。这一效应使得场效应晶体管在亚阈值区域得到电压放大效益，从而获得小于60 mV/dec亚阈值摆幅。2019年，Wang等人[125]制作出全范德华铁电负电容晶体管，器件结构如图1-23（a）所示，沟道材料为MoS_2，非极性介电层为h-BN，铁电层为$CuInP_2S_6$（CIPS）。其中，非极性介电层是为了电容匹配抑制铁电极化翻转形成的回滞。测试结果如图1-23（b）所示，在有h-BN的参与下，器件的亚阈值摆幅不但低于60 mV/dec，而且回滞得到了有效的抑制。这为低压低功耗的器件设计提供了一种新的解决途径。

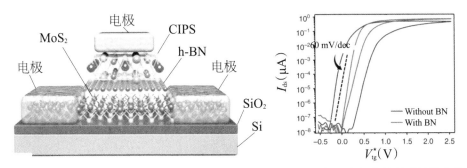

(a) 基于CuInP$_2$S$_6$的铁电负电容晶体管器件构型 　(b) 铁电负电容晶体管转移特性曲线

图1-23　二维范德华铁电负电容晶体管[125]

1.4.2　二维铁电存储器件

　　铁电材料在器件方面主导的研究方向仍是非易失性存储器，研究人员基于铁电的剩余极化特性，进一步发展出了铁电场效应晶体管、铁电隧道结及铁电二极管等。基于二维铁电材料的全范德华存储器件取得可观的进展，Liu课题组将CuInP$_2$S$_6$作为栅极介电层，器件结构如图1-24（a）所示。利用CuInP$_2$S$_6$极化前后稳定的界面束缚电荷控制MoS$_2$沟道的通断，实现了高开关比的铁电晶体管，器件转移特性曲线结果如图1-24（b）所示。器件的存储窗口达到3.8 V，存储开关比高达10^6，保持时间超过3 000 s，耐久性达到了10^{4}次[126]。这出色的存储特性来源于二维范德华铁电表面无悬挂键削弱了界面缺陷带来的不良影响。2020年，Wang等人将CuInP$_2$S$_6$的厚度减薄到4 nm，构建出了二维铁电隧道结器件。器件的隧道电流在极化前后的开关比达到10^7，主要是由于笔者巧妙地利用了半金属石墨烯在狄拉克点处的低态密度特性。器件的工作原理如图1-24（c）所示，当CuInP$_2$S$_6$的极化方向由石墨烯指向金属电极时，石墨烯由于受到正束缚电荷的感应，其费米能级往上抬升，此时隧道结的平均势垒较低，降低了电子隧穿势垒，此时器件处于低阻态，电压为 1 V 时，电流达到 10^{-4} A；当 $CuInP_2S_6$ 的极化方向由金属指向石墨烯电极时，石墨烯由于受到负束缚电荷的感应，其费米能级往下降低，此时隧道结的平均势垒升高，电子隧穿受到阻碍，此时器件处于高阻态，电压为 1 V 时，电流降低至 10^{-12} A，如图 1-24（d）所示。利用压电力显微镜测试出极化前后石墨烯费米能级相差接近 1 eV，得益于铁电稳定的极化束缚电荷，器件的高低阻态可以维持在 10^4 s 以上[127]。

二维铁电半导体 α-In_2Se_3 除了可以用来制备与上述 $CuInP_2S_6$ 类似的器件结构外[129, 130]，Si 等人利用 α-In_2Se_3 兼有铁电性和半导体的特色[128]，设计出一种全新的原型晶体管——铁电半导体场效应晶体管。铁电半导体场效应晶体管的工作机理与传统的铁电晶体管不同。对于传统的铁电晶体管，半导体沟道载流子的耗尽和积累的改变由铁电栅极表面的束缚极化电荷的翻转完成，通过束缚电荷的极性翻转调控器件的阈值电压，实现逆时针的转移特性滞回曲线。然而，铁电半导体场效应晶体管中，铁电束缚极化电荷和可导电载流子分布在沟道的上下表面，当铁电半导体沟道的极化处于向下状态时，负极化电荷积累在上表面，正极化束缚电荷分布在沟道下表面，当极化翻转后，束缚电荷的分布也发生改变，如图 1-24（e）所示。

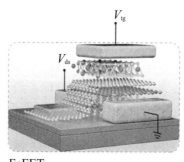

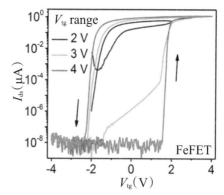

（a）基于 $CuInP_2S_6$ 的铁电场效应晶体管器件结构[126]

（b）铁电场效应晶体管的转移特性曲线[126]

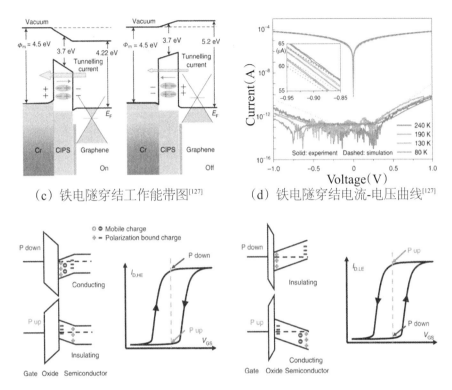

（c）铁电隧穿结工作能带图[127]　　　（d）铁电隧穿结电流-电压曲线[127]

（e）铁电半导体场效应晶体管工作机理图[128]

图 1-24　二维铁电体存储器件

当栅极介电常数较低时，栅极施加在半导体上的电场会被沟道的载流子屏蔽，仅形成部分极化的情况。在此种情况下，器件的导通由沟道的下表面决定，在极化向上的情况下，沟道上表面存在大量可移动载流子，因此器件处于导通状态；在极化向下的情况下，沟道上表面不存在可移动载流子，因此器件处于关闭状态。因此，在低介电常数栅极介质层的条件下，器件的转移特性曲线具有顺时针电滞回线。

当栅极介电常数较高时，施加在沟道上的电场完全贯穿半导体，此时由于完全极化转换，当极化朝下时，沟道上表面不存在移动电荷，因此器件的沟道电阻较高；当极化朝下时，沟道上表面聚集大量可移动电荷，因此器件的沟道电阻较低。利用栅极电压更好地控制下表面，因而栅极电压可以实现下表面移动电荷的耗尽。因此，在高介电常数栅极介质层的条件下，器件的转移特性曲线具有逆时针电滞回线。

1.4.3 二维铁电光伏器件

具有稳定剩余极化的铁电材料除了被用于制作非易失性存储电子器件外，铁电材料受到光照时，剩余极化产生的内建电场会自发地分离光生载流子，产生稳定的光伏电压，这一光电特性使得铁电材料还可以被用于制备光伏器件[19]。

2021年，Li等人[131]首次报道了8 nm厚度$CuInP_2S_6$的铁电光伏效应。光伏器件结构以上下双层石墨烯作为电极，中间为$CuInP_2S_6$铁电层。器件在405 nm光照下，零偏压下具有10 mA/cm²的光电流密度，光伏电压达到1.5 V；同时当施加电压翻转铁电极化后，器件的短路电流和开路电压出现了明显异号，如图1-25所示，这证明了器件的光伏效应来源于铁电极化。

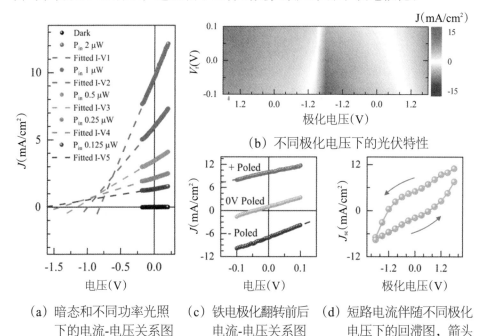

（a）暗态和不同功率光照下的电流-电压关系图　（c）铁电极化翻转前后电流-电压关系图　（d）短路电流伴随不同极化电压下的回滞图，箭头表示极化电压施加方向

（b）不同极化电压下的光伏特性

图1-25　$CuInP_2S_6$铁电光伏器件电流-电压曲线[131]

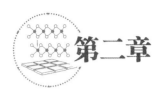 **第二章**

实验方法

2.1 实验试剂

表2-1列出了本书实验中所使用的试剂及基本参数。

表2-1　晶体合成与器件制备所用试剂及基本参数

试剂名称	规格	厂家
钼粉	99.9%	阿拉丁
硫粉	99%	Alfa Aesar
氯仿	分析纯	阿拉丁
硅片	4英寸（约10.16 cm）	研材微纳
γ-InSe	99.9%	2D Semiconductor
S1813	—	江化微
ZX-238	2.38%	江化微
铬颗粒	99.9%	中诺新材
金颗粒	99.9%	中诺新材
固化剂	—	Dow Corning
LOR 10A	—	江化微
五氯化钼	99.6%	阿拉丁

试剂名称	规格	厂家
鳞片石墨	99.9%	NGS
去离子水	18 MΩ/cm	—
六方氮化硼	Grade A	HQ Graphene
聚碳酸酯颗粒	45 000 g/mol	Sigma-Aldrich
N-甲基吡咯烷酮	分析纯	江化微
聚二甲氧基硅氧烷	25 000 g/mol	Dow Corning

2.2 材料表征

2.2.1 X射线衍射仪

Bruker D8 Advance 型 X 射线粉末衍射仪用来确认合成晶体的物相。X 射线衍射仪中：辐射源为 Cu Kα（$\lambda = 0.154$ nm），测试范围为 5°～80°，步长为 0.02°，电压为 45 kV，电流为 360 mA。

2.2.2 球差透射电子显微镜

ARM-200F 型号的球差透射电子显微镜用于确认样品的微观原子结构排列。样品是由块体单晶在溶剂中超声后，滴在铜网上烘干而成。测试条件是在 80 kV 的加速电压下采集样品的原子结构信息。

2.2.3 二次谐波信号测量

滨松H12386-110光电倍增管及普林斯顿仪器HRS-750-MS光谱仪用于采集样品的二次谐波信号。采用水平偏振的钛蓝宝石激光器作为激发源：波长为1 080 nm，重复频率为80 MHz，温度范围为298～650 K。

2.2.4 压电力响应显微镜测量

压电力响应显微镜Asylum Research Cypher S系统（探针弹性系数2.8 N/m、自由共振频率约5 kHz的纳米传感器PPP-EFM导电探针）测试滑移铁电的单点极化翻转。在测试过程中，使用脉冲三角直流电压调制滑移铁电，直流脉冲宽度设置为8 ms，单个PFM迟滞回线的采集时间设置为2.5 s，如图2-1所示。

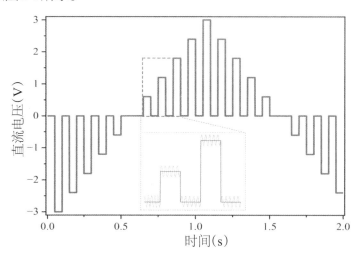

图2-1　压电力响应显微镜在单点翻转极化表征时施加电压和时间的关系

2.3 器件制备

在本书中，电子器件制备的总体流程分为二维材料制备、异质集成及测试电极制备三部分。

2.3.1 二维材料制备

在本书实验中，二维材料的制备主要采用的是微机械解离法，制备步骤如图2-2所示。以制备单层石墨烯（graphene）及多层石墨（graphite）为例，所用的胶带为3M胶带和USI的蓝膜，解离步骤如下。

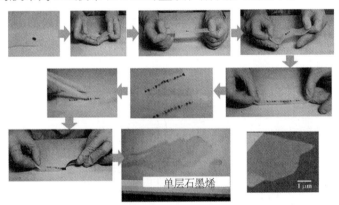

图2-2　微机械解离制备二维材料流程图[132]

（1）将硅片裁剪成边长1.5 cm的正方形，在加热台上去除硅片上物理吸附的水分子以增加样品和硅片之间的相互作用力。

（2）将石墨片鳞片放置于蓝膜上粘贴出大片完整石墨片作为母胶带。

（3）利用空白3M胶带对母胶带中较厚的多层石墨进行多次减薄，直至材料区透光观察呈现灰色（对于3R-MoS$_2$样品，透光的材料区域呈现墨绿色）。

（4）将母胶带蓝膜粘贴在空白硅片表面等待 10 min 后，将母胶带和硅片分离。这样单层石墨烯及多层石墨被转移至硅片表面。

（5）通过金相显微镜筛选出形状及大小合适的多层石墨备用；h-BN、3R-MoS$_2$ 及 γ-InSe 的制备重复上述流程。

（6）对于 3R-MoS$_2$ 及单层石墨烯的厚度，需要利用 ImageJ 软件进行更进一步的辅助判断。如图 2-3（a）、（b）和（c）所示（标尺：10 μm），在拍摄好 3R-MoS$_2$ 光学照片后，打开 ImageJ 软件，通过 RGB Profile Plot 插件功能分辨红色通道下单层至三层 3R-MoS$_2$ 与硅片衬底的衬度值，结果如图 2-3（d）所示，衬度值和层数之间呈现出线性相关；对于单层石墨烯而言，需要在绿色通道下判断样品和硅片之间的衬度值，其衬度值在 10 左右为单层石墨烯。

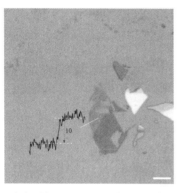

（a）单层 3R-MoS$_2$ 光学照片　　　（b）双层 3R-MoS$_2$ 光学照片

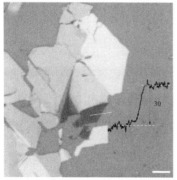
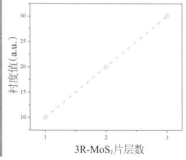

（c）三层 3R-MoS$_2$ 光学照片　　（d）3R-MoS$_2$ 不同层数在
　　　　　　　　　　　　　　　　　　红色通道下的衬度值

图 2-3　单层至三层 3R-MoS$_2$ 光学照片及红色通道硅衬底与样品之间的衬度差值

2.3.2 异质集成

异质集成采用的是干法转移，其详细的步骤叙述如下。

（1）制备缓冲层聚二甲氧基硅氧烷弹性体。将预聚体甲氧基硅氧烷和固化剂按照质量比10:1的配比混合，搅拌0.5 h后，在70 ℃烘箱中加热12 h，聚二甲氧基硅氧烷的厚度控制在1 mm左右[133]。

（2）制备聚碳酸酯（PC）薄膜。将聚碳酸酯颗粒和氯仿（$CHCl_3$）按照质量比10:1的比例完全溶解后，用胶头滴管吸取一定量的PC溶液滴在玻璃基板上，随后用另一块载玻片按压形成厚度均匀的PC薄膜，整个流程如图2-4所示。需要注意的是，薄膜要保证一定的厚度，太薄的PC薄膜在后续转移过程中会与缓冲层聚二甲氧基硅氧烷基底分离。

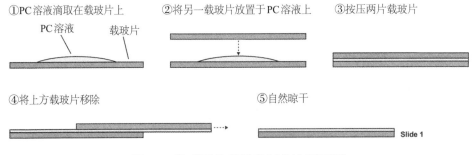

图2-4　聚碳酸酯薄膜的制作流程图[134]

（3）制作转移印章。将聚碳酸酯薄膜裁切为边长1.5 mm的正方形，随后用胶带将聚碳酸酯薄膜覆盖在聚二甲氧基硅氧烷上，流程如图2-5所示。

（4）挑选出合适的多层石墨烯、h-BN及沟道材料，提前利用绘图软件将器件结构描绘出来。

（5）将硅片放置在加热台上升温至70 ℃，利用精密位移台控制转移印章缓慢接近顶栅石墨电极。随后，进一步将加热台升温到90 ℃，使得转移印章与材料接触等待3 min后，伴随着温度的降低，转移印章与硅片缓慢分离后，石墨电极被滞留在转移印章上，完成第一次的转移。重复上述步骤，直至完成整个器件的制备，如图2-6前两行所示。

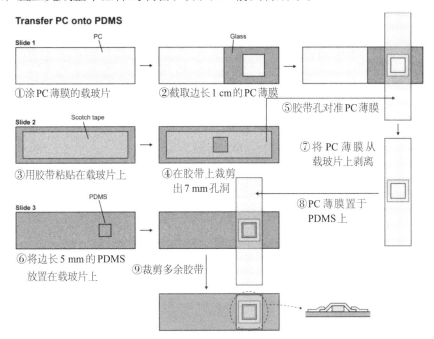

Transfer PC onto PDMS

①涂PC薄膜的载玻片
②截取边长1 cm的PC薄膜
⑤胶带孔对准PC薄膜
③用胶带粘贴在载玻片上
④在胶带上裁剪出7 mm孔洞
⑦将 PC 薄膜从载玻片上剥离
⑥将边长5 mm的PDMS放置在载玻片上
⑨裁剪多余胶带
⑧PC薄膜置于PDMS上

图2-5　转移印章制备流程图[134]

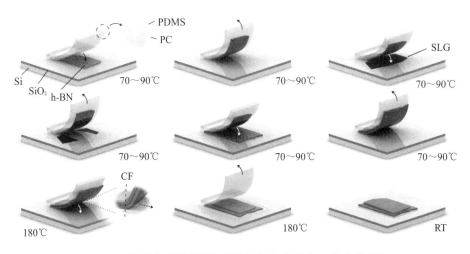

图2-6　异质集成流程图（顺序为从左往右，从上往下）

（6）将空白硅片升温至180 ℃后，再将器件和PC膜释放在硅片上。这一步需要加热3 min，提高材料和硅片之间的黏附力，防止在清洗PC薄膜时，器件从硅片上脱落或者不同材料之间发生相对的位置偏移。

（7）将粘有器件的硅片在溶剂CHCl₃中浸泡12 h，去除覆盖在器件表面上的PC薄膜，完成电子器件的制备。

2.3.3 测试电极制备

测试电极制备采用的是金属剥离工艺，工艺流程如图2-7所示。为了保证金属剥离的成功率，本实验中采用双层胶的工艺确保形成完好的底切结构，详细步骤如下。

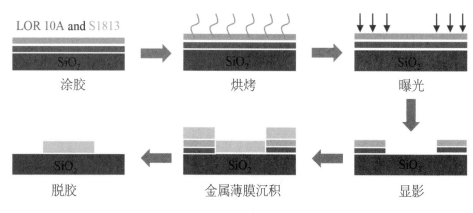

图2-7 金属剥离工艺流程图

（1）衬底表面旋涂1.5 μm的LOR 10A剥离胶（匀胶参数1 000 r/min，保持时间30 s；减薄参数4 000 r/min，保持时间30 s），随后在150 ℃条件下，加热3 min，使溶剂蒸发。

（2）在步骤（1）的基础上，进行S1813光敏剂的旋涂（匀胶参数1 000 r/min，保持时间30 s；减薄参数4 000 r/min，保持时间30 s），随后在115 ℃条件下，加热1 min，使溶剂蒸发。

（3）利用无掩膜光刻工艺将特定的电极图案投影至光敏剂表面（405 nm激光功率为2.6 μW；辐照时间为7 s）。

（4）曝光后的硅片浸没在ZX-238显影液中45 s后，用去离子水冲洗整个硅片，露出特定的电极图形区域。

（5）将显影后的硅片移至真空度为$6×10^{-5}$ Pa的电子束蒸发腔室，以1 Å/s的速度沉积厚度为8 nm的铬金属和厚度为50 nm的金金属，完成金属化过程。

（6）将硅片浸没在75 ℃的去胶液N-甲基吡咯烷酮（NMP）中30 min，完成测试电极制备的最后一步。需要注意的是，残留的光刻胶会严重影响器件的电学性能，因此，器件在完成测试电极的制备后，需要在300 ℃氩氢混合气体（体积比为9:1）的惰性氛围中，加热退火2 h[135]。

2.4 电学输运测量

器件的电学测量是探索材料电性参数和器件性能的重要手段。研究表明，二维材料因大比表面积会吸附空气中的水分子或氧气分子，这些极性分子会对材料形成掺杂使得器件丢失本征的电学性能[136]。为避免这一问题，利用中科科仪的110分子泵机组将探针台腔体的真空度降低至10^{-3} Pa，随后开始器件的电学测量。在整个器件电学测量过程中，分子泵机组保持正常运行状态。为了保证器件长时间的电学测试稳定性，将真空探针台置于光学隔振平台上，避免发生外界机械振动导致器件电学数据波动的现象。探针台[如图2-8（a）所示]与半导体分析仪[如图2-8（b）所示]通过三同轴线缆连接，电流精度低至10^{-13} A。

（a）SCG-O-2型高低温真空探针台　　　　（b）PDA半导体分析仪

图2-8　器件电学测量平台

　　由于实验室设备众多，电源之间存在电干扰，使得器件的电流有着明显的振荡行为，如图2-9（a）所示，因此需要对探针台进行静电屏蔽。如图2-9（b）所示，器件的电流的振荡行为得到明显的改善。

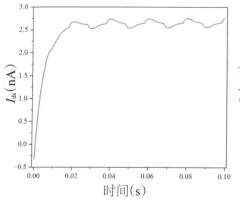
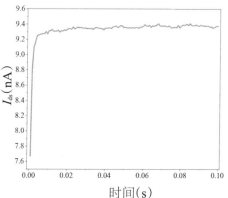

（a）静电屏蔽前器件的电流与时间的关系　　（b）静电屏蔽后器件的电流与时间的关系

图2-9　静电屏蔽前后器件电流对比

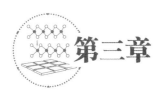

第三章

二维半导体的滑移铁电物性

3.1 引言

　　铁电物理中，朗道理论对铁电相变有着举足轻重的作用。朗道相变理论指出，自由能双势阱结构与铁电体的两个简并的铁电极化态相对应；双稳态的切换由极性离子微小的位移而实现。随着贝里相理论的发展，现代电极化指出，电极化强度由两部分构成，即极性离子位移极化和电子云畸变极化，尤其在稀土元素多铁体系中，本征铁电性就是来源于稀土离子的外层电子云畸变[28, 30]，但是在纯铁电材料中，极性离子位移产生的离子实极化对材料宏观极化的贡献远超过电子云畸变诱导的电子极化。因此，纯电子极化的铁电材料一直以来鲜有报道。直到2017年，Wu等人首次预测了双层空间反演对称性破缺的h-BN存在着可翻转的宏观铁电极化。极化来源于静电吸引作用促使离子对偏离原来的位置，促使重叠的B-N离子对外层电子云发生严重的畸变和不对称，导致上下层形成了一个面外的电偶极矩；而铁电极化的翻转依赖层间滑移实现[94]。这是一种全新的、不同于传统铁电极化翻转的模型。利用二维材料层间范德华弱相互作用的特点，构造出一种晶格整体层移，从而完成快速的整体极化翻转。紧接着，Fei 等人发现在无极性离子位移参与的情况下，双层及双层以上的 1T'-WTe$_2$ 铁电极化仍可能被外电场翻转[100]；同时，Wu 等人在对 1T'-WTe$_2$ 的铁电翻转给出理论诠释时，对层间不对称电荷转移产生的极化和铁电极化翻转依赖于层间滑移的铁电体赋予了新的概念：滑移铁电体。2021 年，Yasuda[116]和 Vizner[117]两个研究小组，通过电学输运及压电力显微镜发现 h-BN 的铁电性来源于层间不对称电荷转移，面外铁电极化翻转来源于层间滑移，使得滑移铁电这一概念在实验上得到进一步的证实。上述两种材料中一个为半金属，另一个为绝缘体，目前少有关于二维半导体的滑移铁电性报道。

MoS$_2$ 由于化学结构稳定、适中的带隙、高迁移率及可调控的载流子浓度等优点，在数字逻辑领域[137-141]、光电探测领域[142-145]及催化领域[146-148]有着广泛的应用前景。MoS$_2$ 有三种晶体结构，分别为 1T 相、2H 相及 3R 相[149]。1T 相为金属相，单层结构为八面体金属配位，层间堆叠次序为 A-A；2H 相为半导体相，单层结构为三角棱柱金属配位，层间堆叠次序为 AB-AB，其中 AB 两层为中心对称结构；3R 相的单层结构与 2H 相的单层结构相同，其层间堆叠次序为 ABC-ABC，其中 AB 两层为中心对称性破缺。上述对三种晶体结构的分析表明，3R 相 MoS$_2$ 的块体晶体结构是满足滑移铁电体的结构特征。而理论计算指出，3R-MoS$_2$ 的厚度在由块体向单层转变时，带隙也由 1.1 eV 增加到 1.6 eV[108]。基于以上分析，3R-MoS$_2$ 极有可能是一种滑移铁电半导体。

本章中，采用化学气相传输法合成 3R-MoS$_2$ 块体单晶，并且系统地研究了双层 3R-MoS$_2$ 的场效应晶体管电学特性及单层至三层 3R-MoS$_2$ 的动态电学输运特性，证实了 3R-MoS$_2$ 是一种天然的滑移铁电半导体；同时得益于空间对称性破缺及大面内刚性，3R-MoS$_2$ 具有稳健的可翻转铁电极化和高的居里相变温度。

3.2　实验部分

3.2.1　3R-MoS₂块体单晶生长

本章采用化学气相输运法合成 3R-MoS$_2$ 单晶，如图 3-1（a）所示。将原料钼粉（Mo）、硫粉（S）和五氯化钼（MoCl$_5$）粉末按照摩尔比 9：20：1

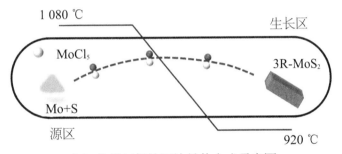

（a）化学气相输运法晶体合成示意图

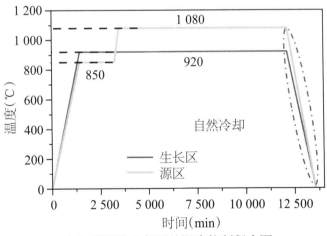

（b）源区和生长区的温度控制程序图

图3-1　3R-MoS₂块体单晶生长示意图及温度程序图

混合后密封于石英管中，其中 MoCl$_5$ 起到矿化剂和输运剂的作用。源区和生长区的温度分别设定为 850 ℃ 和 920 ℃，进行逆向输运。反应进行 30 h 后源区的温度升高到 1 080 ℃。6 天后，在生长区获得 3R-MoS$_2$ 块体单晶，温度程序参数如图 3-1（b）所示[150-152]。

3.2.2 双栅 3R-MoS$_2$ 电子器件结构及制备

本章中，双栅 3R-MoS$_2$ 电子器件结构如图 3-2（a）所示，背栅、顶栅电极及源漏电极为多层石墨，h-BN 作为栅极介质层。器件的制备流程如图 3-2（b）所示，详细的制作步骤如下所述。

（1）通过微机械解离方法制备石墨电极、h-BN 及 3R-MoS$_2$ 二维材料，具体方法如 2.3.1 节所示。

（2）利用转移印章将顶部栅极、顶部介电层、源漏石墨电极、3R-MoS$_2$、背栅介电层及背栅电极依次转移至 PC 膜上，最后释放在空白硅片上，具体方法如 2.3.2 节所示。

（3）按照 2.3.3 节的实验方法完成器件测试电极的制作。

制备完成后的器件光学图片如图 3-2（c）所示［图 3-2（c）、（d）、（e）中标尺均为 10 μm］；图 3-2（d）呈现出经曝光后的照片，其中深灰色区域为光敏剂遮盖的地方，中灰色区域为接下来金属化过程中直接与金属电极接触的区域；图 3-2（e）所展现的是器件制备完毕后的照片。

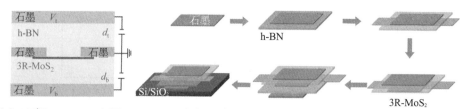

（a）双栅 3R-MoS$_2$ 电子　　（b）双栅 3R-MoS$_2$ 电子器件的制备流程图
　　　器件结构图

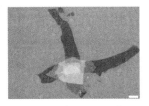  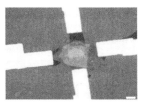

（c）异质集成后器件的　　（d）光刻完成后器件的　　（e）金属剥离工艺完成后
　　　光学照片　　　　　　　　光学照片　　　　　　　　的器件光学照片

图 3-2　双栅 3R-MoS₂器件结构及制备流程的光学图片

3.3　结果与讨论

3.3.1　3R-MoS₂晶体结构表征

图 3-3（a）（图中黑色球代表钼原子，灰色球代表硫原子）展现了
3R-MoS₂原子结构图，其中面内金属钼原子三棱柱六配位；层间 A-B 层具
有中心反演对称性破缺[153-154]。由化学气相输运合成的 3R-MoS₂的晶体照片
如图 3-3（b）所示。X 射线衍射图如图 3-3（c）所示，图中黑色线段表示
3R-MoS₂晶体标准衍射峰。采集得到的衍射峰信息与标准卡片衍射峰一
致，表明制备的晶体为 3R 相。锐利的衍射峰、无杂质峰表明晶体具有较高
的纯度和结晶度。为了进一步确认所合成的晶体结构为 3R 相，将薄层样品
转移至铜网表面上，进行球差透射电子显微镜测量。测量的侧视图结果如
图 3-3（d）所示（标尺：1 nm），可以清晰地看出层间为范德华间隙。
（001）晶面投影的原子图 33（e）所示（标尺：1.5 nm），测量出的晶面间
距为 0.15 nm，与 3R 相的（001）理论晶面间距完全符合；同时总能在最小
的六边形的中心存在一个原子，这与 3R 相原子结构顶视图一致。同时在图

3-3（f）（标尺：10 nm⁻¹）所示的傅里叶变换图谱中，十字交叉的亮点属于硫原子，周围环绕着六个钼原子。

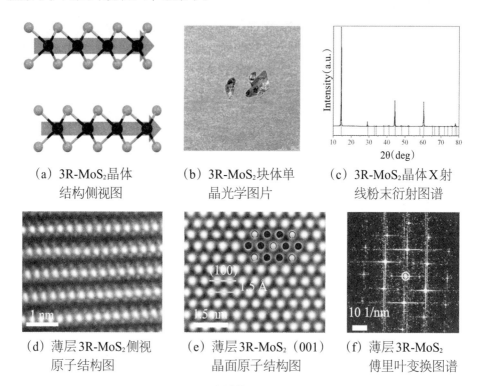

（a）3R-MoS₂晶体　　　（b）3R-MoS₂块体单　　　（c）3R-MoS₂晶体X射
　　结构侧视图　　　　　　晶光学图片　　　　　　线粉末衍射图谱

（d）薄层3R-MoS₂侧视　（e）薄层3R-MoS₂（001）（f）薄层3R-MoS₂
　　原子结构图　　　　　　晶面原子结构图　　　　傅里叶变换图谱

图3-3　3R-MoS₂晶体结构示意图与结构表征图

3.3.2　双层3R-MoS₂场效应晶体管电学特性

　　本小节中，系统研究了双层3R-MoS₂为沟道制备出双栅极场效应晶体管的电学特性。图3-4（a）是双栅器件的光学照片，其中，标号1和2为器件的源漏电极。图3-4（b）为器件的二次谐波光谱图，它表明双层MoS₂沟道为空间反演对称性破缺的3R相。为避免双栅极间的电容耦合效应，在测试顶栅（背栅）转移特性时，背栅（顶栅）电极需要接地[135, 155]。图3-4（c）

呈现了器件的输出特性行为。黑色曲线表现出明显的非线性电流-电压电学特性，此时 1 号接触区为源极，2 号接触区为漏极。当源漏反接时，即 2 号接触区为源极，1 号接触区为漏极时，电流-电压曲线依然表现出非线性电流-电压曲线，如图 3-4（c）中的灰色曲线所示，即正向偏压下电流总是快速达到饱和。这表明源漏两端在平衡条件下存在着肖特基势垒，器件的源漏端形成了背靠背肖特基势垒，根据等效电路图［如图 3-4（d）所示］，器件的电流将受到肖特基二极管或相应的串联电阻的限制。值得注意的是，在背靠背肖特基势垒情况下，无论源漏电压为正或负，器件的一端为正向偏置，而另一端则为反偏，这时流过器件的电流总是被反偏一端的结区势垒所限制。在 2 号漏端施加正偏压情况下，器件的源漏电流被源端的肖特基势垒高度限制，呈现电流饱和态；在 2 号漏端施加负偏压情况下，器件的源漏电流被漏端的肖特基势垒限制，同样呈现出电流饱和态。根据热电子发射模型，反向饱和电流-电压可表述为

$$I_0 = AA^{**}T^2 \exp\frac{-q\Phi_B}{k_BT} \tag{3-1}$$

式中，A 表示结区接触面积；A^{**} 表示有效热发射 Richardson 常数；T 表示热力学温度；q 表示电子电荷量；Φ_B 表示肖特基势垒高度；k_B 表示玻尔兹曼常数。

尽管理想的热电子发射模型清晰地描述了器件在正向偏置下的饱和电流行为，但是却无法解释器件在反向偏置情况下电流呈现出与电压的指数依赖关系。这时，需要加入镜像势降低这一非理想因素。在反偏情况下，增加偏置电压会降低肖特基势垒高度，电流是非饱和的而且与 $\exp(-q\Delta\Phi_B/k_BT)$ 成比例增加，$\Delta\Phi_B$ 表示由于镜像电荷而降低的势垒高度[156-157]。因此在考虑镜像势垒降低效应后，器件的反向饱和电流可表达为

$$I_{ds} = AA^{**}T^2 \exp\frac{-q(V_{ds}^{1/4} - \Phi_B)}{k_BT} \tag{3-2}$$

式中，A 表示结区接触面积；A^{**} 表示有效热发射 Richardson 常数；T 表示热

力学温度；q表示电子电荷量；V_{ds}表示反偏源漏电压；Φ_B表示肖特基势垒高度；k_B表示玻尔兹曼常数。

由电流-电压表达式，进一步得到$\ln I_{ds}$与$V_{ds}^{1/4}$呈线性关系，结果如图3-4（e）所示，表明器件处于反向偏压时，电流的非饱和输运行为是镜像势降低效应导致的。综合以上的讨论，3R-MoS₂的输出特性的工作机制如图3-4（f）的能带图所示（图中小球及箭头表示电子输送方向），当器件工作在正向偏置时，电子输运受到源端反偏结限制，呈现出电流饱和并且肖特基势垒不受镜像势影响；而当器件工作在反向偏置时，镜像势降低效应使得电流呈现非饱和状态。

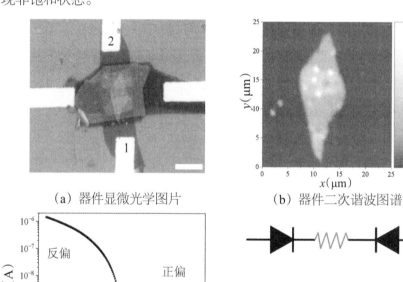

（a）器件显微光学图片　　（b）器件二次谐波图谱

（c）3R-MoS₂晶体管的输出特性曲线　　（d）3R-MoS₂器件的等效电路图及能带图

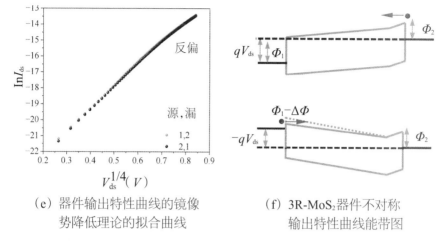

（e）器件输出特性曲线的镜像　　　　（f）3R-MoS₂器件不对称
　　　势降低理论的拟合曲线　　　　　　　输出特性曲线能带图

图3-4　3R-MoS₂双栅晶体管的输出特性曲线及器件工作机理

通过对器件进行电学变温测试就可以获得两端的肖特基势垒高度。为保证热电子发射模型的有效性，器件测试的温度范围为300～420 K，每20 K一个温度点测量输出特性曲线。对1号接触区域的肖特基势垒进行提取时，1号接触区为源，2号接触区为漏，需要1号接触区接地，2号接触区施加正向电压，获得不同温度下的反向饱和电流，如图3-5（a）所示。此时，将式（3-1）变形成式（3-3）：

$$\ln\frac{I_0}{T^2} = \ln\left(AA^{**}\right) - \frac{q\Phi_B}{k_BT} \tag{3-3}$$

式中，I_0表示反向饱和电流；T表示热力学温度；A表示结区接触面积；A^{**}表示有效热发射Richardson常数；q表示电子电荷量；Φ_B表示肖特基势垒高度；k_B表示玻尔兹曼常数。利用式（3-3）拟合，结果如图3-5（b）所示，图中的斜率为式（3-3）等号右边第二项，即1号接触区的肖特基势垒高度相关。

类似地，当对2号接触区域的肖特基势垒进行提取时，2号接触区为源，1号接触区为漏，将2号接触区接地，1号接触区施加正向电压，获得2号接触区的反向饱和电流，如图3-5（c）所示。利用式（3-3）拟合，结果如图3-5（d）所示。两端获得的肖特基势垒高度均为110 meV，表明两个背靠背肖特基势垒高度是对称的，而这一点也与图3-4（a）所示的输出特性曲线相吻合。

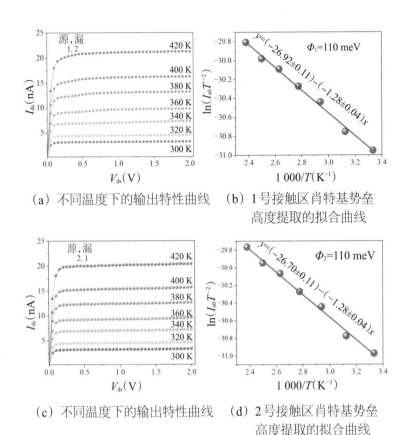

（a）不同温度下的输出特性曲线　（b）1号接触区肖特基势垒
　　　　　　　　　　　　　　　　　　高度提取的拟合曲线

（c）不同温度下的输出特性曲线　（d）2号接触区肖特基势垒
　　　　　　　　　　　　　　　　　　高度提取的拟合曲线

图3-5　3R-MoS₂器件肖特基势垒高度提取

图3-6（a）和（b）呈现了3R-MoS₂的背栅转移特性曲线，图3-6（d）和（e）呈现了器件的顶栅转移特性曲线。在测试背栅转移特性曲线时，图像①、②、③对应的源漏电压分别固定为10 mV、100 mV或500 mV，背栅电压扫描范围为−2～2 V，每0.5 V测量一次输出特性曲线，同时顶栅电压接地避免电容耦合作用。在测试顶栅转移特性曲线时，采用同样的操作。背栅转移特性曲线显示3R-MoS₂表现出n型半导体特性，即在正栅极电压下，由于电子积累器件呈"开启"状态，开态电流高达14 μA；而在负栅极电压下，由于电子耗尽器件呈现"关闭"状态，关态电流低至100 fA。器件的整体"开启"状态和"关闭"状态的电流比高达10^8。3R-MoS₂在低场下的迁移率是基于长沟道的平方定律模型提取，用公式表示为

$$\mu = \frac{\mathrm{d}I_{\mathrm{ds}}}{\mathrm{d}V_{\mathrm{g}}} \times \frac{L}{WC_{\mathrm{i}}V_{\mathrm{ds}}} \qquad (3\text{-}4)$$

式中，$\mathrm{d}I_{\mathrm{ds}}/\mathrm{d}V_{\mathrm{g}}$表示线性坐标下的转移特性曲线的斜率；$L$表示沟道长度；$W$表示沟道宽度；$C_{\mathrm{i}}$表示单位面积栅极电容，且$C_{\mathrm{i}}$可进一步由式（3-5）得出；$V_{\mathrm{ds}}$表示源漏电压。

$$C_{\mathrm{i}} = \frac{\varepsilon_{\mathrm{h\text{-}BN}}\varepsilon_0}{d} \qquad (3\text{-}5)$$

式中，$\varepsilon_{\mathrm{h\text{-}BN}}$表示介电层h-BN的相对介电常数：4.0；$\varepsilon_0$代表真空介电常数：$8.854 \times 10^{-12}$ F/m；d表示h-BN绝缘层的厚度。

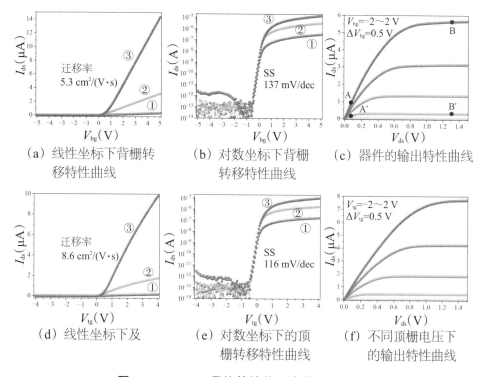

（a）线性坐标下背栅转移特性曲线　　（b）对数坐标下背栅转移特性曲线　　（c）器件的输出特性曲线

（d）线性坐标下及　　（e）对数坐标下的顶栅转移特性曲线　　（f）不同顶栅电压下的输出特性曲线

图3-6　3R-MoS$_2$晶体管转移及输出特性曲线

根据式（3-4），3R-MoS$_2$的电子迁移率高达8.6 cm^2/（V·s）；同时在对数坐标下提取出器件的亚阈值摆幅低至116 mV/dec。这表明3R-MoS$_2$有着高速、低功耗的数字逻辑器件应用前景。

如图3-6（c）和（f）所示，在高源漏电压及高栅极电压下输出特性曲线呈现出电流饱和态。结合图3-7相应的能带图（图中Φ_s表示源区肖特基势垒高度，Φ_d表示漏区肖特基势垒高度，小球及对应箭头代表电子输运方向）做如下解释。在高栅极电压的情况下［即图3-6（c）中的A和B点］，导带和价带都被拉低，有助于电子通过热辅助隧穿的方式将电子从源极注入3R-MoS$_2$中导带。当漏极电压较低时（即A点处），源区和漏区的肖特基势垒都会阻碍电子传输。值得注意的是，栅极电压此时对源区和漏区的势垒起相反的作用。随着栅极电压的增加，源区的有效势垒高度Φ_s由于形成更尖锐的三角形势垒而得到降低；与此同时，与低栅极电压情形相比，由于导带的降低，电子从半导体注入漏极的势垒高度Φ_d得到增强。随着源漏电压的进一步增加，Φ_s值不再变化，而Φ_d在不断地减小，直至消失，此时器件进入B点的工作区。在A点，由于漏电压增加降低了Φ_d，因此电流大幅度增加。在Φ_d降至零后，漏电压仅作用在Φ_s上，因而B点的电流增加速度不如A点快。继而输出特性曲线表现出与传统硅基场效应晶体管一样的电流饱和区。然而电流饱和的机制却截然不同，传统硅基的电流饱和区是沟道夹断引起的，而在B点处器件的电流饱和区是反偏势垒导致的。当栅极电压较低时［即图3-6（c）中的A'和B'点］，导带未被压得太低，使漏区势垒Φ_d较低。随着漏极电压的增加，Φ_d将迅速降至零，电子受到的阻碍由源区的肖特基势垒决定，器件的电流也进入饱和区，能带图如图3-7所示。需要注意的是，在A和A'点中，电流的计算[158]公式为

$$I = AA^{**}T^2 \exp\frac{-q\Phi_B}{k_B T}\left(1 - \exp\frac{-qV_{ds}}{k_B T}\right) \tag{3-6}$$

式中，A表示结区接触面积；A^{**}表示有效热发射Richardson常数；T表示热力学温度；q表示电子电荷量；Φ_B表示肖特基势垒高度；k_B表示玻尔兹曼常数；V_{ds}表示源漏电压。

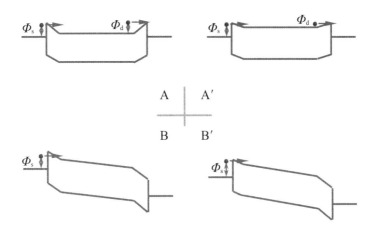

图 3-7　器件工作在不同源漏电压及栅极电压下的能带图

3.3.3　3R-MoS₂滑移铁电性

由于3R-MoS₂面外厚度仅几个原子层厚度兼有良好的导电特性，无法获得和传统铁电绝缘体一样的电滞回线。在滑移铁电体中，通常采用动态电学输运测量方式来间接确认材料是否具有铁电性[100]，其标志是器件漏电流出现与电场相关的双稳态。在测试时，固定源漏电压，器件的顶栅电压和背栅电压进行同步扫描。顶栅和背栅的电压设置满足[100]

$$\frac{V_t}{d_t} = -\frac{V_b + \alpha}{d_b} \tag{3-7}$$

式中，α表示偏置系数，用于调控沟道净载流子浓度掺杂；d_t表示顶栅h-BN的厚度；d_b表示背栅h-BN的厚度。电场方向由顶栅指向背栅时规定符号为负，电场方向由背栅指向顶栅时规定符号为正。垂直电场的大小可表示为

$$E_\perp = \frac{-(V_t/d_t) + (V_b/d_b)}{2} \tag{3-8}$$

式中，V_t表示顶栅电压；d_t表示顶栅h-BN的厚度；V_b表示背栅电压；d_b表示背栅h-BN的厚度。净载流子浓度掺杂的计算公式为

$$n_e = \frac{\varepsilon_{h\text{-BN}}\varepsilon_0[(V_t - V_{tth})/d_t + (V_b - V_{bth})/d_b]}{e} \tag{3-9}$$

式中，$\varepsilon_{h\text{-BN}}$ 表示介电层 h-BN 的相对介电常数：4.0；ε_0 表示真空介电常数：8.854×10^{-12} F/m；V_t 表示顶栅电压；V_{tth} 代表顶栅转移特性曲线的阈值电压；d_t 表示顶栅 h-BN 的厚度；V_b 表示背栅电压；V_{bth} 表示背栅转移特性曲线的阈值电压；d_b 表示背栅 h-BN 的厚度；e 表示电子电量：1.6×10^{-19} C。

在通过动态电学输运测量确认 3R-MoS$_2$ 是否具有铁电性时，需要将式（3-7）中的偏置系数设置为 0 V，防止净载流子浓度对样品铁电性的判断产生影响。由器件的背栅和顶栅的转移特性曲线中提取的 V_{tth} 和 V_{bth} 近似为 0 V，均带入式（3-9），此时净载流子浓度掺杂为 0 cm^{-2}。

三层 3R-MoS$_2$ 器件室温下动态电学输运测量结果如图 3-8（a）所示，图中，箭头①、③表示铁电极化方向，箭头②、④表示电场扫描方向，插图为三层 3R-MoS$_2$ 层间堆叠示意图。外加电场从 –0.3 V/nm 扫描到 0.3 V/nm 时，初始的 –0.3 V/nm 电场将铁电极化预设置为朝下，在电场逐渐由负向正转变、外部正电场超过矫顽场 0.05 V/nm 时，3R-MoS$_2$ 内部电偶极子才会形成翻转。在翻转的瞬间，电子在横向流动方向受到电偶极子形成的内部电场的扰动，表现为电流随着外电场的扫描呈现出不连续的跳跃，而非光滑的曲线。外电场达到 0.25 V/nm，初始向下的铁电极化方向完全转换成极化向上，在外电场方向扫描时即从 0.3 V/nm 扫描到 –0.3 V/nm 时，过程与正向扫描一致，即仅当外电场越过矫顽场 0.05 V/nm 时，铁电偶极子才会逐步进行翻转。器件中的多个不连续跳跃点说明 3R-MoS$_2$ 是一个多畴态而非单畴样品。如图 3-8（b）所示，图中，箭头①、③表示铁电极化方向，箭头②、④表示电场扫描方向，插图为双层 3R-MoS$_2$ 层间堆叠示意图。双层 3R-MoS$_2$ 器件的动态电学输运与三层 3R-MoS$_2$ 器件一致。这样的双稳态的特性，证明了 3R-MoS$_2$ 具有铁电性。

考虑到单层 3R-MoS$_2$ 沿 c 轴中心反演对称，为了确认 3R-MoS$_2$ 中的铁电性并非来源于极性离子位移，对单层3R-MoS$_2$进行了同样的动态电学输运测试。动态电学测量结果如图3-8（c）所示，插图为单层3R-MoS$_2$示意图。器件的电流在双扫过程中是两条几乎重合的连续光滑的曲线，这排除3R-MoS$_2$中的铁电性有极性离子位移参与的可能性。为了进一步证实中心反演对称性破缺的3R-MoS$_2$才会呈现出铁电性，对双层的2H-MoS$_2$进行动态电学输运测量，如图3-8（d）所示，插图为双层2H-MoS$_2$层间堆叠示意图。器件在垂直电场双扫过程中，电流曲线未出现不连续的跳跃。综上说明，3R-MoS$_2$所出现的铁电翻转的双稳态特性来自不对称界面的电荷转移。与此同时，改变测试电场步长是一种排除电荷陷阱效应诱导的蝶形回滞[159]常用且有效的手段。如图3-9（a）所示，图中，箭头①、③表示铁电极化方向，箭头②、④表示电场扫描方向。双层3R-MoS$_2$器件的电场扫描速度从7.7×10^{-4} V/nm逐步变化到7.7×10^{-3} V/nm，器件的电流依然呈现出稳定的双稳态，并未观察到明显的差异。三层3R-MoS$_2$器件的电流滞回曲线同样表现出与扫描速度无关的特性，如图3-9（b）所示。图中，箭头①、③表示铁电极化方向，箭头②、④表示电场扫描方向。这强有力地证明了3R-MoS$_2$中的蝶形回滞来自自身的界面极化翻转。

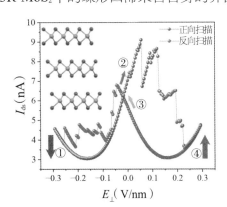 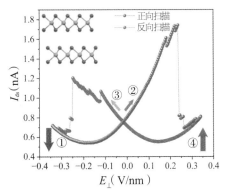

（a）三层3R-MoS$_2$的动态电学输运曲线（b）双层3R-MoS$_2$的动态电学输运曲线

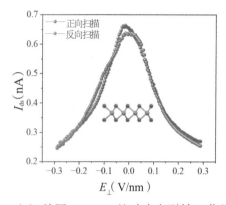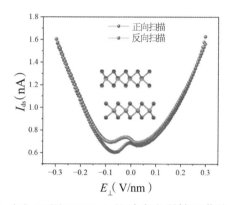

（c）单层3R-MoS₂的动态电学输运曲线 （d）双层2H-MoS₂的动态电学输运曲线

图3-8　3R-MoS₂与2H-MoS₂的动态电学输运曲线

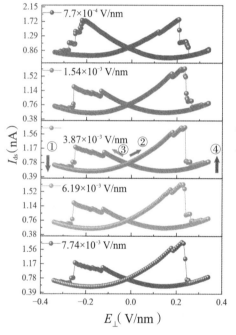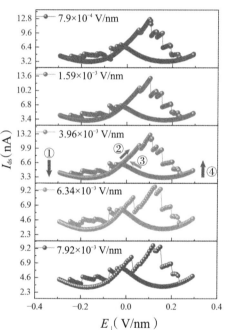

（a）双层3R-MoS₂在不同的扫描
　　步长下的动态电学输运曲线

（b）三层3R-MoS₂在不同扫描步
　　长下的动态电学输运曲线

图3-9　不同扫描步长下3R-MoS₂的动态电学输运曲线

考虑到动态电学测量是间接的表征方法，为了说明双层3R-MoS₂的铁电性，随后采用压电响应力显微镜进行表征。对称的探针和样品间的共振频率表明材料和样品间有着良好的接触，如图3-10（a）所示。图3-10（b）展现出典型的相位迟滞回线和蝶形曲线，同时结合极化翻转前振幅图谱[如图3-10（c）所示]、相位图谱[如图3-10（d）所示]和极化翻转后的振幅图谱[如图3-10（e）所示]、相位图谱[如图3-10（f）所示]，可证明3R-MoS$_2$的铁电性。

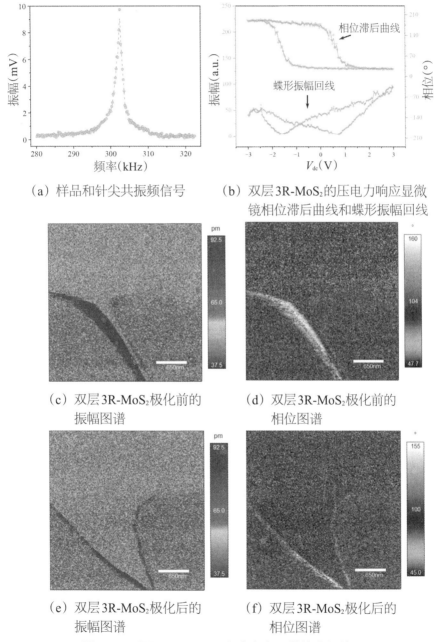

（a）样品和针尖共振频信号

（b）双层3R-MoS$_2$的压电力响应显微镜相位滞后曲线和蝶形振幅回线

（c）双层3R-MoS$_2$极化前的振幅图谱

（d）双层3R-MoS$_2$极化前的相位图谱

（e）双层3R-MoS$_2$极化后的振幅图谱

（f）双层3R-MoS$_2$极化后的相位图谱

图3-10　双层3R-MoS$_2$压电响应应力显微镜表征结果

图3-11（a）所示是第一性原理计算出的电荷密度差分图，其中，大球表示钼原子，小球表示硫原子，箭头①表示极化方向朝下，箭头②表示极化方向朝上。3R-MoS$_2$的自发极化是由相邻原子层的硫原子之间的电荷不对称转移导致的。在初始态，电子从底层的硫原子转移到上层硫原子中，上层累积的电子形成了向下的自发极化；在上层原子滑动半个钼硫键长后，电子将从上层的硫原子转移到下层硫原子中，下层积累的电子形成了向上的自发极化。将铁电极化方向朝上定义为AB畴，将铁电极化方向朝下定义为BA畴[160]。理论计算了双层3R-MoS$_2$铁电极化翻转势垒能量，如图3-11（b）所示，表明铁电极化翻转的能量势垒为每个原胞8 meV。

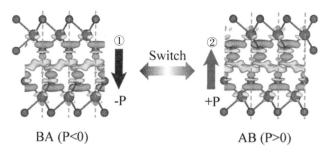

（a）实空间中的双层3R-MoS$_2$电荷密度差分图

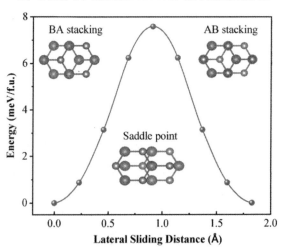

（b）双层3R-MoS$_2$极化翻转能量势垒

图3-11　双层3R-MoS$_2$电荷转移分布及滑移势垒理论计算

3.3.4 3R-MoS₂居里相变温度

对于铁电材料而言，居里相变温度越高，越有利于铁电材料在复杂环境中的应用。本小节主要研究3R-MoS₂的相变温度。测试的环境为高真空，每一个温度点停留1 h，保证器件的温度和设置的环境温度达到充分的热平衡。图 3-12（a）和（b）展示了高温条件下的3R-MoS₂动态电学输运，图中，箭头①、②表示铁电极化方向，箭头③、④表示电场扫描方向。由图可发现，即使温度高达460 K（受限于加热台的温控限制），双层及三层3R-MoS₂器件依旧有着铁电典型的双稳态特性，这表明滑移铁电半导体3R-MoS₂的居里相变温度高于460 K。

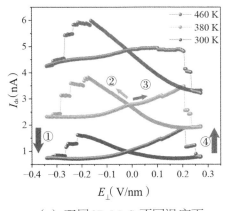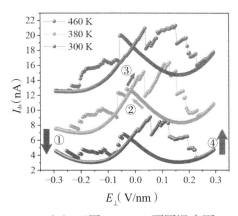

（a）双层3R-MoS₂不同温度下   （b）三层3R-MoS₂不同温度下
　　的动态电学输运曲线　　　　　　　的动态电学输运曲线

图3-12　动态电学变温输运曲线

为进一步确认3R-MoS₂铁电相向顺电相转变的居里温度，对块体3R-MoS₂的相结构进行了变温X射线粉末衍射仪测试，如图3-13（a）所示。图中，黑色竖线为2H-MoS₂的PDF标准卡片，灰色竖线为3R-MoS₂的PDF标准卡片。在温度达到675 K时，块体样品的衍射图谱峰和室温保持一致，这表明3R-MoS₂的空间反演对称性在675 K的温度下依然能够得到保

持。二次谐波信号可以准确地反映出材料的空间反演对称性情形,如图
3-13(b)所示,空间反演对称的双层2H-MoS$_2$并无二次谐波信号,而双
层3R-MoS$_2$在540 nm处存在明显的强度峰。在此基础上对双层和三层的
3R-MoS$_2$进行变温二次谐波测试,结果如图3-13(c)所示。样品在被加热
到650 K时,依然存在二次谐波信号,这说明双层和三层3R-MoS$_2$的空间对
称性破缺在650 K时得以维持。同时,理论计算揭示在温度高到1 200 K
时,双层3R-MoS$_2$的极化值在0.8 pC/m,如图3-13(d)所示。目前,理论
计算揭示了滑移铁电体的高相变温度源于单层二维材料的大面内刚性[161]。

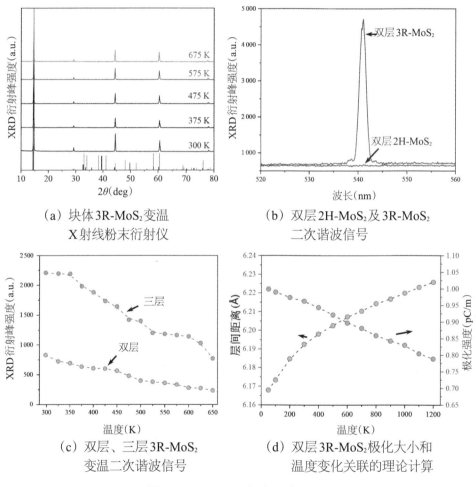

(a)块体3R-MoS$_2$变温
X射线粉末衍射仪

(b)双层2H-MoS$_2$及3R-MoS$_2$
二次谐波信号

(c)双层、三层3R-MoS$_2$
变温二次谐波信号

(d)双层3R-MoS$_2$极化大小和
温度变化关联的理论计算

图3-13   3R-MoS$_2$相变温度测试

3.3.5 3R-MoS₂铁电翻转的鲁棒性

3R-MoS$_2$作为半导体材料，同样具备载流子浓度可调的特性。因此本节中，研究滑移铁电半导体的另一个基本问题：自由载流子浓度对铁电极化翻转的影响。测试时，式（3-7）中的系数α不再设置为0 V。此时，沟道中的载流子浓度计算公式由式（3-9）演变为

$$n_e = \frac{\varepsilon_{h\text{-}BN}\varepsilon_0\alpha}{d_b e} \tag{3-10}$$

式中，$\varepsilon_{h\text{-}BN}$表示介电层h-BN的相对介电常数：4.0；$\varepsilon_0$表示真空介电常数：8.854×10^{-12} F/m；α表示偏置系数，用于调控沟道净载流子浓度掺杂；d_b表示背栅介电层h-BN的厚度；e表示电子电量：−1.6×10^{-19} C。

结果如图3-14（a）所示，沟道中空穴浓度达到−1.5×10^{12} cm^{-2}时，3R-MoS$_2$器件处于"关闭"状态，无法推断出铁电性与空穴浓度的关系。图3-14（b）呈现出适中载流子浓度掺杂情形，箭头①、③均表示铁电极化方向，箭头②、④均表示电场扫描方向。当沟道中净空穴（电子）掺杂浓度为0.72×10^{12} cm^{-2}（0.5×10^{12} cm^{-2}）和1.5×10^{12} cm^{-2}（1.5×10^{12} cm^{-2}）时，3R-MoS$_2$器件的动态输运曲线表现出明显的铁电双稳态，同时铁电极化向上翻转的矫顽场均在0.28 V/nm，而铁电极化向下切换的矫顽场均在−0.31 V/nm。当电子浓度达到5.42×10^{12} cm^{-2}时，3R-MoS$_2$的铁电性并未受到影响，如图3-14（c）所示。这说明3R-MoS$_2$滑移铁电半导体的面外铁电性与面内导电性处于解耦的状态。传统铁电存在光诱导铁电极化自发翻转的情况，而3R-MoS$_2$铁电双稳态表现出对光照的免疫性，如图3-14（d）所示，除了电流有略微上升，整体的动态电学输运曲线与暗态条件下相比并没出现任何差别。

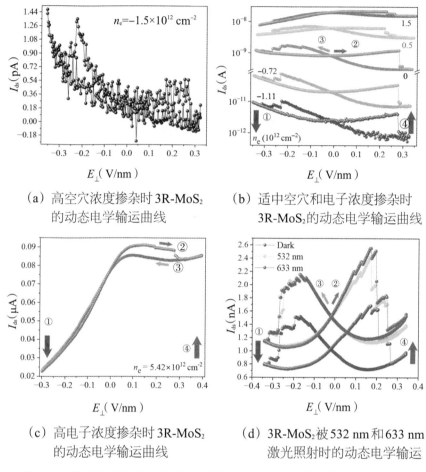

（a）高空穴浓度掺杂时 3R-MoS₂
　　的动态电学输运曲线

（b）适中空穴和电子浓度掺杂时
　　3R-MoS₂的动态电学输运曲线

（c）高电子浓度掺杂时 3R-MoS₂
　　的动态电学输运曲线

（d）3R-MoS₂被 532 nm 和 633 nm
　　激光照射时的动态电学输运

图 3-14　沟道中不同载流子浓度对双层 3R-MoS₂铁电极化翻转的影响

3.4　本章小结

　　本章中，选用MoCl₅为矿化剂和输运剂，采用化学气相输运法合成
MoS₂块体单晶，通过X射线粉末衍射仪和球差透射电子显微镜进行表征，
表明合成的块体单晶为3R相。双层3R-MoS₂场效应晶体管的转移特性曲线

表现出明显的n型半导体特性，即正栅极电压处于"开启"状态，电流高达10^{-5} A；负栅极电压器件处于"关闭"状态，电流低至10^{-13} A。器件开关比达到10^8；且迁移率高达$8.6\ cm^2/(V \cdot s)$；亚阈值摆幅低至$116\ mV/dec$；同时，在电场动态扫描过程中，双层和三层$3R\text{-}MoS_2$器件电流均呈现出铁电双稳态，而此双稳态在单层$3R\text{-}MoS_2$和$2H\text{-}MoS_2$中并未出现。上述多个证据表明，$3R\text{-}MoS_2$具有滑移铁电半导体的特性。结合$3R\text{-}MoS_2$的变温电学测试及二次谐波测量发现，二维半导体$3R\text{-}MoS_2$的滑移铁电具有高的居里相变温度。值得说明的是，二维半导体$3R\text{-}MoS_2$的可翻转的铁电极化呈现出鲁棒特性。

第四章

层间滑移诱导的多极化态及抗疲劳特性

4.1 引言

铁电相变的自由能双势阱模型指出，铁电材料的双稳态具有被外电场改变的特性。器件物理研究人员运用这一特性，开发出新型的铁电随机存储器及铁电非易失性存储器件，如铁电晶体管、铁电二极管及铁电隧穿结。然而，更进一步的研究发现，在自由能双势阱模型下，一方面，铁电本征的双稳态特性严重阻碍了铁电器件的多态的稳定性；另一方面，由于两个极化态之间存在较大的能量势垒，在翻转极化方向时，需要施加较大的外电场。外电场引起铁电极化翻转的同时，材料内部的缺陷电荷被激活，随着外电场做定向移动，导致铁电材料的极化强度被削弱。这一现象被称为"铁电疲劳"。为了提高铁电器件的存储态，研究人员通过控制畴壁的翻转来达到铁电器件的多态特性，但是畴壁的运动存在着随机性，无法被电场精确控制。铁电疲劳的问题，至今未能得到有效解决。

近几年，研究人员发现了一种崭新的机制的滑移铁电体，此铁电体精巧地利用了范德华材料的面内刚性和层间的弱相互作用。在第三章中，二维半导体3R-MoS₂作为一种全新的滑移铁电半导体，具有面外极化与面内高导电共存特性及高居里相变温度。基于上述优异的铁电物性，本章选用3R-MoS₂为对象，进一步详细地探索层间滑移带来的奇异特性。

4.2 实验部分

在本章中，所用的3R-MoS₂块体单晶及双栅3R-MoS₂电子器件的制备工艺和第二章一致，在此不再进行赘述，具体参考2.3节的器件制备。

4.2.1 静态电学输运电场及疲劳测试示意图

在静态电学输运测试过程中，施加在器件上的电场不再是一个连续扫描的状态，而是一个三角脉冲波形[127]，示意图如图4-1所示。灰色长条表示电场施加在器件上，脉宽为5 s，脉冲幅值从0.246 V/nm到–0.246 V/nm再返回到0.246 V/nm；黑色长条代表电场此时断开，脉宽也为5 s，脉冲幅值为10 mV。器件的静态电学数据主要采集的是黑色长条脉宽内的漏电流数据，并对数据点做平均化处理。

在测试器件的疲劳特性时，首先读取器件的初始状态，即顶栅和背栅的转移特性曲线及器件的动态电流输运和静态电流输运曲线。对于顶栅和背栅，考量的是器件在特定循环疲劳测试后晶体管的稳健性；而动态电流输运和静态电流输运曲线衡量的是样品的铁电性。疲劳测试采用的双极性方波脉冲，脉冲宽度从0.1 ms变为100 ms，脉宽间隔变化为一个量级；器件在经历每一个数量级的疲劳测试后，对器件的电学状态进行一次读取，如图4-2所示[162]。

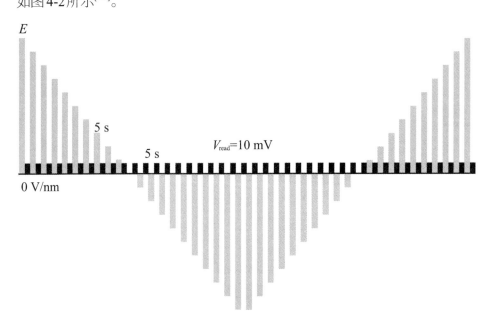

图4-1　静态电学输运测量时三角脉冲波形电场加载示意图

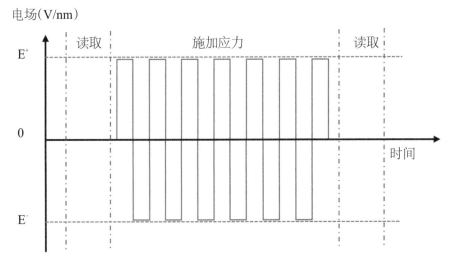

图4-2　疲劳循环测试脉冲示意图

4.2.2 开尔文表面电势测量

开尔文表面电势测量采用的是双通道 Nap 模式，即扫图时同一行扫描两次，第一次轻敲模式扫描形貌（获得样品表面高度信息），第二次探针提升一定高度并和样品保持恒定高度差，避免探针和样品之间的近程相互作用力的影响。导电针尖在 Nap 模式下扫描时，仪器给探针同时施加一个交流电压（产生变化的静电力使得探针振动）和一个直流电压（用于抵消样品表面电势，使得探针振幅最小）。仪器实时检测探针振幅，当探针振幅最小的时候，$V_{sample} = V_{dc}$，由此计算出样品的表面电势。

样品的制备是通过微机械剥离在 285 nm 厚度的二氧化硅的硅片上，图 4-3 呈现了简易的测试示意图。测量表面电势图谱的仪器是型号为 Asylum MFD3D Origin 的压电力显微镜。选用探针的型号为 HQ：NSC14，探头表面为铬金镀层，探针悬臂的弹性常数为 5 N/m，悬臂梁的谐振频率为 160 kHz。

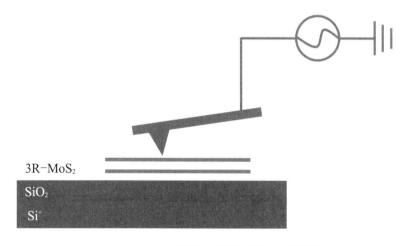

图4-3　开尔文表面电势测量简易示意图

4.3 结果与讨论

4.3.1 多层层间滑移诱导多极化态

如果铁电体能够克服固有的双稳态特性，以产生多个稳定极化态，那么铁电器件的存储密度将得到进一步提高，进而满足当下电子产品对计算密度和功能日益增长的需求。起初，研究人员通过翻转畴域面积在初始极化态的占比方式来实现铁电器件的多极化态，然而此方式很难实现精确无误的调控[163-164]。此后，研究人员通过在铁电体中引入缺陷或界面"死层"，实现畴翻转的精确控制[165-167]，但是这一方法牺牲了铁电器件的耐久性[168-171]。目前，产生多态极化的方法侧重于铁电体结构的设计和控制，如控制多层异质结构中铁电层的数量[172-173]或控制具有多个共存结构不稳定性薄膜中极化的顺序翻转[172, 174-176]，这些方法均可在铁电体中创建稳定性的多极化态。而在本小节中，多层 3R-MoS$_2$ 滑移铁电体通过控制层间滑移次序实现了滑移铁电体的多极化态。

双层和三层的 3R-MoS$_2$ 晶体管的动态电学输运曲线均呈现出多个不连续跳跃点。而在对器件进行静态电学输运测量时，发现双层和三层样品的静态电学曲线截然不同。如图 4-4（a）所示（图中箭头表示电场扫描方向），当外加电场从 0.25 V/nm 扫描到 -0.25 V/nm 时，初始的 0.25 V/nm 电场将铁电极化方向预设为朝上，在外电场逐渐由正向负转变、外部负电场超过矫顽场 -0.1 V/nm 时，3R-MoS$_2$ 内部电偶极子形成翻转，内部电场对电子的横向输运产生扰动，导致器件的静态电流出现跳跃式下降。当外电场达到 -0.25 V/nm、铁电极化方向完全转变向下时，内部电场达到最大，器件的电流达到极小值 0.95 nA。在外电场返回扫描时，即从 -0.25 V/nm 到 0.25 V/nm

时，器件的工作机理与反方向电场扫描一致，即当外电场超过矫顽场 0.2 V/nm时，电偶极子才会完成翻转，最终形成一个电流随外电场改变的矩形滞回框。而在双扫的过程中，两侧不对称的跳跃则可能是由于在正向扫描过程中畴界被应力或缺陷钉扎而对弱电场无响应，需要较大的电场才能诱导畴壁移动[122]。在三层样品中，静态电流输运出现了反常的电流跳跃点，如图4-4（b）所示（图中三角形符号表示反常漏电流，箭头表示电场扫描方向）。当电场扫描范围在0.35～–0.1 V/nm之间时，电流下降至极小值0.75 nA，这与双层样品中的趋势一致。但是当电场继续减小至–0.35 V/nm时，电流上升至极大值2.25 nA。同时，器件在正向扫描过程中，当外电场为0.05 V/nm时，器件的电流达到极小值1.5 nA。随后，电流上升至初始态，最终静态电流输运曲线呈现出蝶形曲线而非矩形框。

为了确认三层样品中反常电流输运行为未受到多畴结构的影响，测试了器件不同态的保持特性。图4-4（c）中双层样品两个极化态的器件电流在7 200 s后依然维持在初始状态，值得注意的是，在3 600 s和10 800 s这两个时间节点中，均给器件施加了小于最大电场的翻转电场，器件的电流稳定地维持在0.98 nA和0.9 nA。而在三层样品中器件的电流在3 600 s前稳定在2.5 nA，在3 600 s和10 800 s时间节点中，给器件施加小于最大电场的反向电场时，器件的电流出现了与图4-4（b）中对应的反常极小电流值，分别为1.4 nA和1.6 nA，这从侧面说明在三层中反常的电流极小值并非来源于样品的多畴结构，而是来源于三层样品的本征性质。

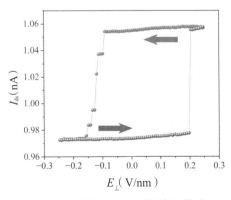

（a）双层3R-MoS₂器件的静态
电流输运特性

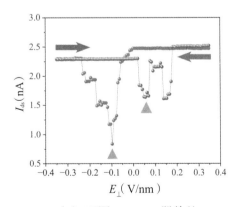

（b）三层3R-MoS₂器件的
静态电流输运特性

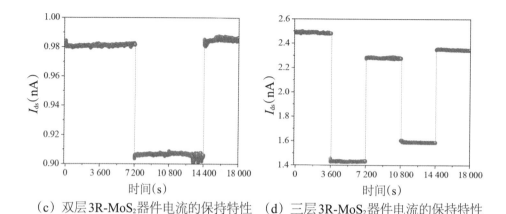

（c）双层3R-MoS₂器件电流的保持特性　（d）三层3R-MoS₂器件电流的保持特性

图4-4　3R-MoS₂器件的静态电流输运和保持特性

为了有力地证实在铁电半导体晶体管中三层器件出现的反常极化态来自界面偶极子的反平行排列这一结论，将3R-MoS₂制备成另一个典型的非易失性存储器结构——铁电隧穿结[24]，选用双层和三层3R-MoS₂将其制备成铁电隧穿结。传统的铁电隧穿结中，铁电薄膜为绝缘体，源漏电极能直接实现铁电极化的翻转；而对于具有半导体特性的3R-MoS₂铁电材料而言，源漏电极在施加电压时，无法形成有效的电场来完成铁电极化的翻转。因此为了解决这一问题，将器件设计成如图4-5（a）所示的结构。其中上下石墨和介质层作为外电场用于翻转铁电极化，而单层石墨烯作为隧穿结的上下电极，得益于单层石墨烯在狄拉克点处低的态密度，电子的隧穿势垒高度能够被3R-MoS₂的界面束缚电荷有效地调控。图4-5（b）展示了铁电隧穿结器件光学照片（标尺：10 μm）。器件的铁电隧穿电学输运测试方法和3R-MoS₂铁电半导体场效应晶体管中的静态输运测试是一致的，器件漏电流的读取电压始终设定在1 mV。在双层铁电隧穿结中，测试结果如图4-5（c）所示（箭头表示电场扫描方向）。当外加电场从–0.15 V/nm扫描到0.15 V/nm时，初始的–0.15 V/nm电场将铁电极化方向预设置为朝下，在外电场逐渐由负向正转变、外部正电场超过矫顽场0.1 V/nm时，3R-MoS₂内部电偶极子形成翻转，极化电荷对源漏电极的单层石墨烯形成掺杂，使得电子的传输势垒升高，导致隧穿电流开始下降。当外电场达到0.15 V/nm铁电极化方向完全转变向下时，隧穿势垒高度达到最大，器件的电流达到极小值0.122 μA。在外电场返回扫描时，即从0.15 V/nm到−0.15 V/nm，器件的工作机理与反方向电场扫描一致：当外电场超过矫顽场−0.075 V/nm时，电偶极子才会完成翻转，最终形成一个明显的双稳态隧穿电流滞回矩形框。在三层样品中，器件测试结果如图4-5（d）所示（三角形符号表示器件反常隧穿电流，箭头表示电场扫描方向）。在正向扫描过程中，当外部正电场扫描范围到0.05 V/nm时，电流下降至极小值0.066 5 μA，这与双层样品中趋势一致。但是当电场再减小时，电流开始出现明显的增加，随后继续减小。同时，在反向扫描过程中，当外电场为−0.12 V/nm时，器件的电流达到极大值0.065 μA。随后，在外电场扫描至−0.2 V/nm时，电流开始跳跃上升，最后器件回到初始态。

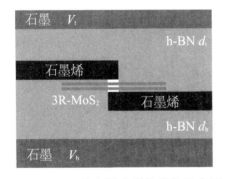

（a）3R-MoS$_2$铁电隧穿器件结构示意图

（b）双层3R-MoS$_2$铁电隧穿器件照片

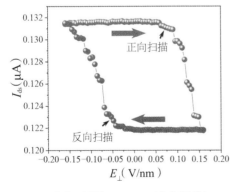

（c）双层3R-MoS$_2$铁电隧穿
　　静态电学输运曲线

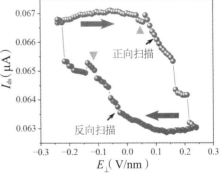

（d）三层3R-MoS$_2$铁电隧穿
　　静态电学输运曲线

图4-5　3R-MoS$_2$铁电隧穿结器件照片和静态电学输运曲线

　　为进一步理解双层和三层样品中静态电流输运的差异，直接测量双层和三层样品的表面电势。双层的电势测试结果如图4-6（a）所示（标尺：1 μm），表面电势呈现出明显的两个明暗对比区域，通过测量两个区域的电势值发现存在一个电势台阶高度，如图4-6（b）所示。当极化朝上时，铁电的退极化场朝下，开尔文表面电势测试出来的高表面电势为AB畴；当极化朝下时，铁电的退极化场朝上，压电力显微镜测试出来的低表面电势的区域为BA畴。而在三层3R-MoS$_2$的表面电势图中则出现三个明暗不同的区域，如图4-6（c）所示（标尺：2 μm）。通过测量此三个区域的电势发现，存在两个电势台阶高度，如图4-6（d）所示。中间态的电势值处于电势最大值和电势最小值之间，说明除了极化向上和向下这两个态外，还存在着额外的极化态。假设在三层样品中两个界面是解耦合的，铁电微观的极化排列则存在四种情形：ABC（↑↑）、ABA（↓↑）、CBC（↑↓）和CBA（↓↓）。箭头表示每一个界面的极化方向，其中ABA和CBC的极化态在能量上处于简并状态，而ABC和CBA的铁电极化等效于双层中的AB和BA。这样，表面电势中的台阶图所对应的极化如图4-6（d）所示。

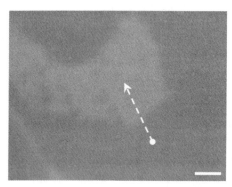

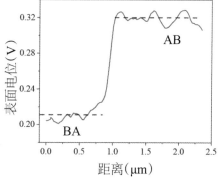

| （a）双层3R-MoS$_2$开尔文表面电势图 | （b）沿图（a）白色虚线测量的表面电势对比度 |

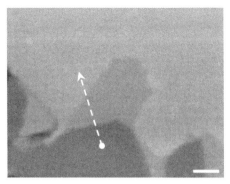

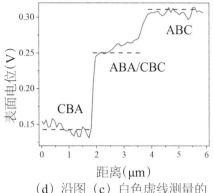

（c）三层3R-MoS₂开尔文 　　　（d）沿图（c）白色虚线测量的
　　表面电势图 　　　　　　　　　　表面电势对比度

图4-6　双层和三层3R-MoS₂的开尔文表面电势图

结合静态电学输运和表面电势分析，对三层铁电极化翻转给出了理想情形下的动力学模型。如图4-7所示，图中向上的箭头表示铁电极化方向朝上，向下的箭头表示铁电极化方向朝下；略大的球代表钼原子，较小的球代表硫原子；ABC表示层与层之间的堆叠次序。三个原子层之间存在两个极化界面，在初始状态下三层MoS₂的堆叠次序为ABC，此时层间的两个界面偶极子朝向均为上。当向下垂直电场逐渐增加时，初始态ABC堆叠次序并不是转变成CBA堆垛结构，而是随着电场的增加逐层进行滑移，出现了ABA堆叠这一中间过渡态，此刻层间电偶极子形成"尾对尾"的反向排列的情形；在外加垂直电场加载到最大时，才形成了最终态CBA，最终层间电偶极子朝向全部向下；再继续施加向上的垂直电场时，电偶极子出现了"头对头"的中间态。这一逐层翻转模型与静态电学输运过程中过渡电场中出现电流极小值相吻合，同时也与表面电势测量时观察到在最大表面电势和最小表面电势中出现了一个中间表面电势相对应。

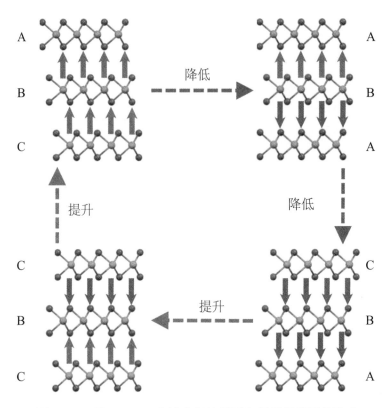

图4-7　三层3R-MoS$_2$中铁电翻转模型和偶极子排列的演变

　　为证明电偶极子在翻转过程中存在反极化排列的可行性，通过对三种不同极化翻转途径进行第一性原理计算以定量描述铁电翻转过程中的结构、热力学、动力学及极化变化。在图4-8所示的路径图中：图（a）表示的路径1即为提出的反平行模型；在可能的路径2中，假设三层MoS$_2$的初始极化向上，层间的堆叠次序为ABC，当施加反向电场时，中间B层保持不动，而A层和C层同时朝着相反的方向进行位移，完成极化翻转，此时层间的堆叠次序为CBA；而在路径2中，假设三层MoS$_2$的初始极化向上，层间的堆叠次序为ABC，当施加反向电场时，中间B层保持不动，而A层和C层同时朝着相反的方向进行滑移，完成极化翻转，最终层间的堆叠次序为CBA；在路径3中，最底层C层保持不动，而A层和B层同时朝着相反的方向进行位移，完成极化翻转，最终层间的堆叠次序为BCA。针对三种不同路径所计算出的翻转能量势垒如图4-8（b）所示。在两层样品中，

AA 堆叠态处于非稳态，因而器件表现出了两个极化态特性；在三层样品中，无论是相邻两层材料（25 meV）还是非相邻两层材料（85 meV），同时滑移时所需的能量均超过了逐层翻转的能量（15 meV），而且路径1中的每个中间极化态（CBC和ABA）位于能量的谷底中，中间极化态的总能量仅比初始态和最终态高0.2 meV，表明中间极化态是一个稳态。图4-8（c）展示三层 MoS_2 滑移时，在翻转到50%的过程中，堆叠结构处于 ABA/CBC 构型，此时整体极化为 0 nC/m。

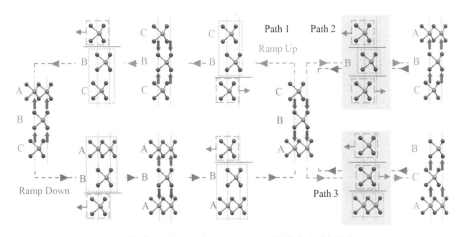

（a）可能存在的三层 $3R-MoS_2$ 三种铁电翻转路径

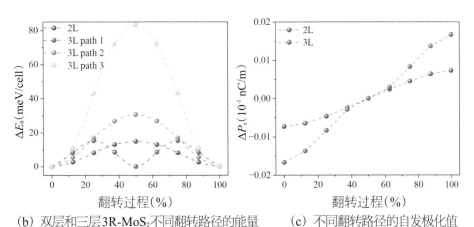

（b）双层和三层 $3R-MoS_2$ 不同翻转路径的能量　　（c）不同翻转路径的自发极化值

图4-8　理论分析双层及三层 $3R-MoS_2$ 铁电极化翻转路径

结合上述的实验和理论计算得知：双层和三层器件的存储态数量由范德华的界面数量决定，即双层样品中存在一个铁电极化界面，此时器件拥有2个存储态；而三层样品中存在两个界面态，因而器件具有4个存储态。由此可以类推出 n 层材料制备成的铁电晶体管存储态的个数为 2^{n-1}。

4.3.2 滑移铁电的极化翻转

上节中，主要讨论了样品中范德华界面数量与铁电器件存储态之间的关联，而未深入探究滑移铁电极化究竟如何实现翻转的这一问题。对于传统的铁电材料而言，铁电样品是单畴结构还是多畴结构决定了铁电极化方向在外电场作用下的翻转途径。在单畴结构中，极化翻转经历四个过程：首先是新畴成核；其次是畴的纵向长大；接着是畴的横向扩张；最后是畴的合并。其中在新畴成核过程中需要消耗巨大的能量。在多畴结构中，已存在畴结构，不需要损耗额外的能量用于新畴成核，极化翻转通过畴结构的横向扩展或收缩来完成，因此在多畴结构中极化翻转的能量相对较低[119]。

通过开尔文表面电势原位探究 3R-MoS$_2$ 滑移铁电半导体铁电极化翻转机制。图4-9（b）中的非均一性的开尔文表面电势高度表明双层 3R-MoS$_2$ 是一个多畴的结构，而图4-9（a）高度均一的形貌图片说明电势的错落并非来源于形貌的耦合。图4-9（b）中，将正方形A高电势区域定义为铁电极化向上的AB铁电畴，正方形B低电势区域定义为铁电极化向下的BA铁电畴。

为了探究极化翻转机制，选择图4-9（b）中的三个区域：正方形A的AB单畴区域、正方形B的BA单畴区域及正方形C的AB/BA畴界区域，利用压电力显微镜的探针针尖施加电压进行局部区域的铁电极化翻转。图4-9（d）是施加局域电场后的开尔文表面电势图，发现正方形A的AB单畴区域及正方形B的BA畴区域的电势图并未发生任何的明显变化，各自保持未施加电场前的电势高低，而正方形C的AB/BA畴界区域发生了明显的移动；同时，正方形C左边的低电势区域转变成了高电势区域。实验上表明 3R-MoS$_2$ 中AB及

BA单畴不会发生铁电极化翻转，铁电极化的翻转由畴壁移动决定。同样地，图4-9（c）高度均一的形貌图片说明电势的错落并非来源于形貌的耦合。

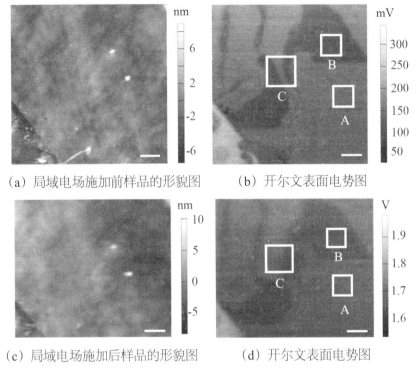

（a）局域电场施加前样品的形貌图　　（b）开尔文表面电势图

（c）局域电场施加后样品的形貌图　　（d）开尔文表面电势图

图4-9　样品原子级形貌图和开尔文表面电势图（标尺：2 μm）

分子动力学模拟进一步地揭示了单畴区域难以实现翻转的动力学过程，如图4-10所示。图4-10（a）为双层3R-MoS$_2$分子动力学模拟过程中施加电场的示意图，圈表示施加的局域电场范围，电场强度为5 V/nm；图4-10（b）为局域畴在电场作用下随时间演化的顶视图，图中放大的原子图表示当电场加载在样品时，AB畴演化成BA畴。在局域电场的加载时间从0 ps增加到5 ps时，从放大的原子结构图中明显地看出：在施加的电场区域内出现了极化反向的局域畴核，然而当外加电场撤销后，局域畴瞬间恢复到原始的状态。结合实验和模拟分析出在3R-MoS$_2$滑移铁电半导体中，铁电极化的翻转完全依赖于多畴样品中的畴界的移动。3R-MoS$_2$即使施加电场并有新畴成核，在撤销电场后铁电极化翻转的畴也会退回原有的畴结构，这主要是由于三重对称性的结构使得新畴移动缺少特定方向。

（a）双层3R-MoS₂分子动力学模拟过程中施加电场示意图

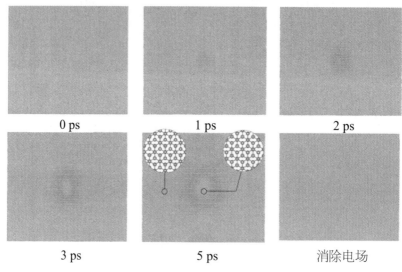

（b）局域畴在电场作用下随时间演化的顶视图

图4-10 分子动力模拟局域电场作用下畴壁的动力学过程

4.3.3 层间滑移实现铁电抗疲劳

尽管基于铁电薄膜的铁电非易失性器件具有低功耗、快读写速度、高密度存储、抗辐射性能好等优势，但是铁电薄膜在经历反复多次的极化翻转操作后，会出现固有剩余极化的下降、极化态切换难的问题，此为"铁电疲劳"，而这一疲劳现象严重地阻碍了铁电器件的商业化的进程[177-179]。对此，研究人员进行了大量的关于"铁电疲劳"机理的研究工作，但至今仍未理清"铁电疲劳"机制，也未能形成有效的解决铁电薄膜疲劳性能对策。

目前，铁电疲劳的微观模型指出铁电性能的失效通常包含以下两个步骤：一是缺陷电荷的形成和重新分布；二是缺陷影响铁电畴壁的极化翻转，如图4-11（a）所示。研究表明缺陷电荷主要来源于铁电薄膜自身的氧空位和电极处的陷阱电荷：一方面，铁电薄膜中固有的氧空位会在外加电场作用下迁移至界面抑制新畴成核或者畴壁钉扎，导致铁电薄膜的剩余极化丢失；另一方面，在频繁的交变翻转电场作用下，金属电极的电荷会注入铁电薄膜中并在铁电薄膜/电极界面聚集形成不能随外部电场进行翻转的界面"死层"，最终铁电薄膜的极化强度减弱铁电疲劳[178]。为了解决铁电疲劳这一难点，研究人员将金属电极替换成金属氧化物电极，该方法能够稍微地延缓铁电疲劳的发生[180-184]。当铁电薄膜疲劳发生后，在居里温度以上对铁电薄膜进行退火处理或紫外光照射，能在一定程度上恢复铁电薄膜的剩余极化[185-188]。然而这些方法并不能够与现代的微电子集成电路制造相兼容，在实际应用中困难重重。

而本书的研究对象3R-MoS$_2$滑移铁电具备崭新的铁电极化机理，即由层间滑移诱导面外不对称电荷转移实现铁电极化翻转。这一全新的铁电体无论在极化起源还是在极化切换方面并未涉及离子位移，因此从理论上表明3R-MoS$_2$滑移铁电本征拥有抗疲劳特性，如图4-11（b）所示。

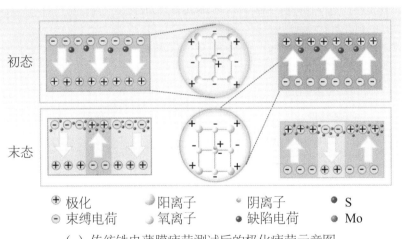

（a）传统铁电薄膜疲劳测试后的极化疲劳示意图

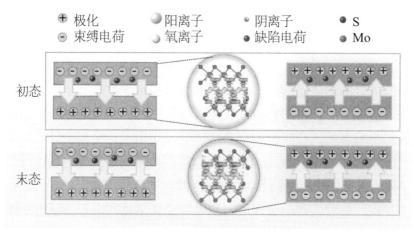

极化　　　阳离子　　　阴离子　　　S
束缚电荷　　氧离子　　　缺陷电荷　　Mo

初态

末态

（b）滑移铁电疲劳测试后的无疲劳特性示意图

图4-11　铁电疲劳测试后示意图

为保证设置的疲劳测试的脉宽时间能有效地切换铁电极化，首先测试了0.1 ms、1 ms、10 ms和100 ms四个不同脉宽时间翻转后的保持特性，结果如图4-12所示。图4-12（a）中，0.1 ms能够有效地翻转铁电的极化态，并且在200 s后器件的电流态未见明显的衰减，表明双稳态来源于铁电极化翻转。同样地，图4-12（b）、（c）和（d）呈现出相同的趋势，这表明1 ms、10 ms和100 ms都能够有效地翻转铁电极化。

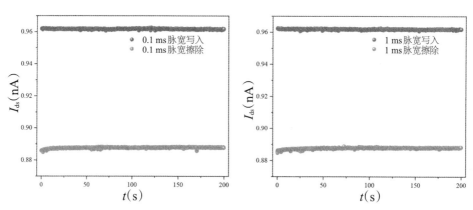

（a）0.1 ms脉宽时间器件电流保持时间　　（b）1 ms脉宽时间器件电流保持时间

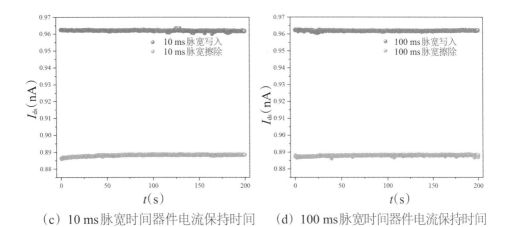

（c）10 ms脉宽时间器件电流保持时间　（d）100 ms脉宽时间器件电流保持时间

图4-12　不同脉宽时间翻转器件极化态后器件存储态的保持特性

　　为验证滑移铁电3R-MoS₂的抗疲劳特性，双栅器件在经历每一个量级的疲劳加载后，对器件进行一次转移特性曲线、动态电学输运曲线及静态电学输运曲线的测量。图4-13展示了3R-MoS₂在经历脉宽为0.1 ms的双极性方波疲劳测试后的器件电学性能。由图4-13（a）和（b）得知，器件的背栅和顶栅的转移特性曲线基本是处于完全重合的状态，证明了3R-MoS₂拥有着超高的器件可靠性，可以被用于制备逻辑器件。图4-13（c）（箭头表示铁电极化方向）展示了3R-MoS₂器件的动态电学输运，器件在初始态和经历一百万次疲劳测试后的矫顽场均在0.2 V/nm，且动态电学输运曲线处于重合状态，并未展现出铁电疲劳现象。图4-13（d）（箭头表示电场扫描方向）的静态电学输运曲线在经历一百万次的疲劳测试后，铁电矩形回滞框仍保持和初始态一样的曲线。动态电学输运曲线和静态输运曲线证明了3R-MoS₂有着出色的抗疲劳特性。研究表明，传统铁电的疲劳特性严重地依赖于铁电极化翻转的脉宽：极化脉宽越长，铁电体越容易出现疲劳现象；相反，极化脉宽越短，铁电器件的疲劳测试次数越多。这是由于铁电极化翻转通常在纳秒量级，其铁电极化翻转完成后施加在铁电材料上的电场会诱导缺陷电荷迁移至界面，抑制新畴成核或者畴壁钉扎，导致铁电器件失效[189-191]。基于此，采用了另外三种不同脉宽，即1 ms、10 ms和100 ms，对3R-MoS₂进行疲劳测试，结果分别如图4-14、4-15和4-16所示。无论是3R-MoS₂的背（顶）栅转移特性曲线还是动态和静态的铁电电学输运曲线，均未观察到明显的衰减行为。这表明3R-MoS$_2$有着出色的抗疲劳特性。

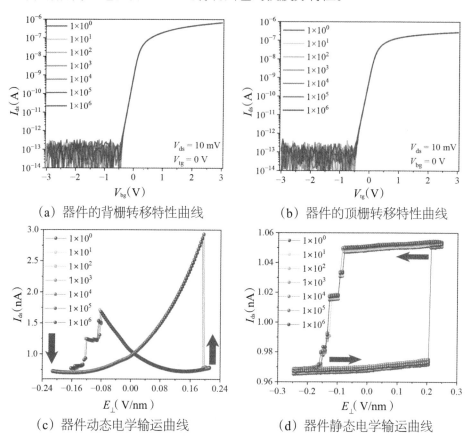

（a）器件的背栅转移特性曲线　　　　（b）器件的顶栅转移特性曲线

（c）器件动态电学输运曲线　　　　（d）器件静态电学输运曲线

图4-13　0.1 ms脉宽疲劳测试后器件的电学性能

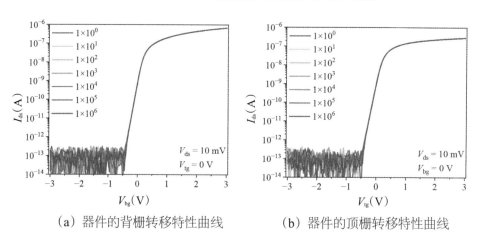

（a）器件的背栅转移特性曲线　　　　（b）器件的顶栅转移特性曲线

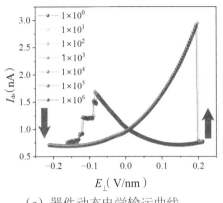

（c）器件动态电学输运曲线

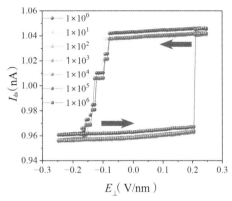

（d）器件静态电学输运曲线

图4-14　1 ms脉宽疲劳测试后器件的电学性能

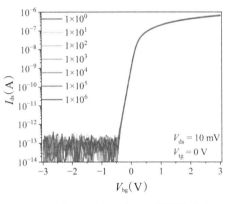

（a）器件的背栅转移特性曲线

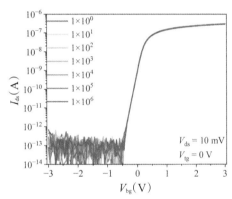

（b）器件的顶栅转移特性曲线

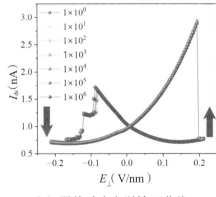

（c）器件动态电学输运曲线

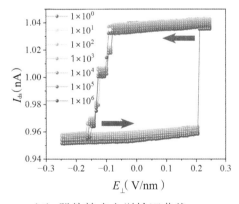

（d）器件静态电学输运曲线

图4-15　10 ms脉宽疲劳测试后器件的电学性能

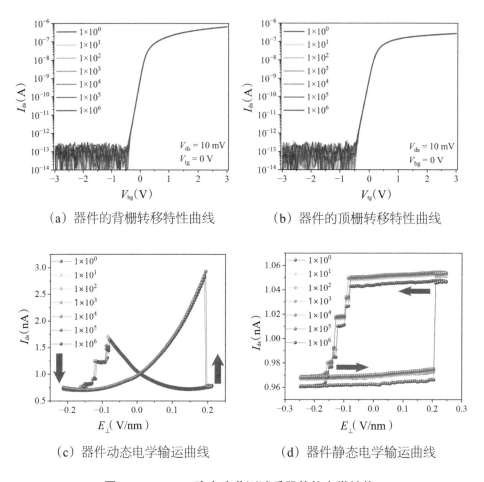

（a）器件的背栅转移特性曲线　　　（b）器件的顶栅转移特性曲线

（c）器件动态电学输运曲线　　　　（d）器件静态电学输运曲线

图4-16　100 ms脉宽疲劳测试后器件的电学性能

为更好地评估3R-MoS₂的铁电疲劳特性行为，利用式

$$ER = \frac{I_{on} - I_{off}}{I_{off}} \times 100\% \qquad (4\text{-}1)$$

从3R-MoS₂的静态电学回滞框提取出铁电极化翻转前后诱导的电阻变化率。式中，I_{on}表示低阻状态的电流；I_{off}代表高阻状态的电流。如图4-17（a）所示，在同一脉宽下，不同的循环疲劳测试电阻变化率保持在稳定的8%；在不同脉宽测试后，器件的电阻变化率也未出现明显的波动，这也强有力地证明了3R-MoS₂具备优异的耐疲劳特性。考虑到铁电薄膜的疲劳循

环次数严重地依赖于脉宽，为能够有效地比较3R-MoS$_2$的铁电疲劳特性，用总测试循环时间，即循环测试次数乘以施加的脉宽，对已报道的铁电薄膜和3R-MoS$_2$进行比较。如图4-17（b）所示，3R-MoS$_2$的总测试循环时间与目前报道的最好的铁电薄膜材料相一致，而且器件在经历一百万次的疲劳测试后，仍未表现出明显的疲劳行为，详细的脉宽时间、循环次数及总疲劳时间见表4-1所列。

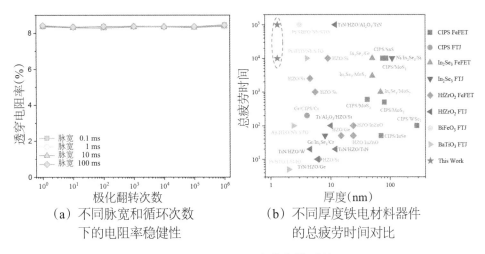

（a）不同脉宽和循环次数
下的电阻率稳健性

（b）不同厚度铁电材料器件
的总疲劳时间对比

图4-17　3R-MoS$_2$疲劳参数对比

表4-1　不同厚度铁电薄膜器件疲劳特性参数

铁电器件	厚度（nm）	脉宽（s）	循环次数	总疲劳时间（s）	参考文献
BiFeO$_3$ FTJ	3	1×10^{-2}	10^7	10^5	[192]
	2.4	1×10^{-7}	10^9	10^2	[193]
	4	1×10^{-1}	10^5	10^4	[194]
	2	5×10^{-5}	10^5	5	[195]
CIPS FeFET	286	1	10^2	10^2	[196]
	70	5×10^{-2}	10^3	50	[197]
	75	1	10^4	10^4	[198]
	41	2	3×10^2	6×10^2	[199]
	84	1	10^4	10^4	[200]
	80	5×10^{-2}	10^4	5×10^2	[201]
	86	1	10^4	10^4	[126]

铁电器件	厚度（nm）	脉宽（s）	循环次数	总疲劳时间（s）	参考文献
CIPS FTJ	8	4×10^{-2}	5×10^{3}	2×10^{2}	[127]
HfZrO$_2$ FeFET	4.5	2.5×10^{-7}	10^{10}	2.5×10^{3}	[202]
	24	1×10^{-6}	10^{8}	10^{2}	[203]
	24	5×10^{-7}	10^{8}	50	[204]
	15	1×10^{-3}	5×10^{4}	50	[205]
	5.5	1×10^{-4}	10^{7}	10^{3}	[206]
	9	1	10^{4}	10^{4}	[207]
	6.3	1×10^{-7}	10^{8}	10	[208]
HfZrO$_2$ FTJ	6	1×10^{-5}	10^{6}	10	[209]
	10	1×10^{-5}	10^{7}	10^{2}	[210]
	12	1×10^{-1}	10^{6}	10^{5}	[211]
	4.5	2×10^{-7}	10^{6}	20	[212]
In$_2$Se$_3$ FeFET	50	1×10^{-1}	10^{5}	10^{4}	[129]
	69	1×10^{-2}	10^{5}	10^{3}	[213]
	50	30	10^{2}	3×10^{3}	[214]
In$_2$Se$_3$ FTJ	110	1×10^{-2}	10^{6}	10^{4}	[215]
	8	1×10^{-2}	5×10^{3}	50	[130]
3R–MoS$_2$	1.3	10^{-4}	10^{6}	10^{2}	—
	1.3	10^{-3}	10^{6}	10^{3}	—
	1.3	10^{-2}	10^{6}	10^{4}	—
	1.3	10^{-1}	10^{6}	10^{5}	—

为了确保3R-MoS$_2$的这一优异的抗疲劳特性并非来源于器件的偶然特性，对另一个器件的疲劳特性进行了测试。循环一百万次后，结果如图4-18所示，器件的转移特性曲线和电学输运曲线均呈现出重合的特性，表明另一器件拥有同样出色的抗疲劳特性。值得注意的是，图4-18（d）器件的静态电学输运曲线呈现出顺时针的滞回框，而图4-13（d）中器件的静态

电学输运曲线呈现出逆时针的滞回框，这是源漏的肖特基势垒的差异使动态电学输运曲线中交叉点偏离零电场造成的。

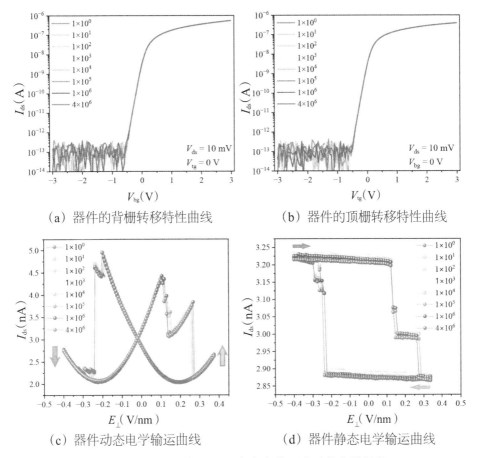

（a）器件的背栅转移特性曲线　　　（b）器件的顶栅转移特性曲线

（c）器件动态电学输运曲线　　　（d）器件静态电学输运曲线

图4-18　另一器件的1 ms脉宽疲劳测试后的电学性能

除此以外，为了能进一步证明3R-MoS₂滑移铁电体具备抗疲劳特性，采用压电力显微镜在微区施加脉宽为40 ms的双极三角波脉冲，进行直接的疲劳测试。图4-19（c）和（e）呈现了样品的厚度是一致的，而电势图的明暗表明样品是多畴的结构。疲劳测试结果如图4-19所示［（a）与（b）标尺为2 μm，（c）~（f）标尺为1 μm］，在加载了1万次后，对微区域的形貌和表面电势进行对比测试发现，疲劳测试后的正方形微区的形貌和电势图并未观察到任何的变化，这也表明3R-MoS₂滑移铁电体有着很好的抗疲劳特性。

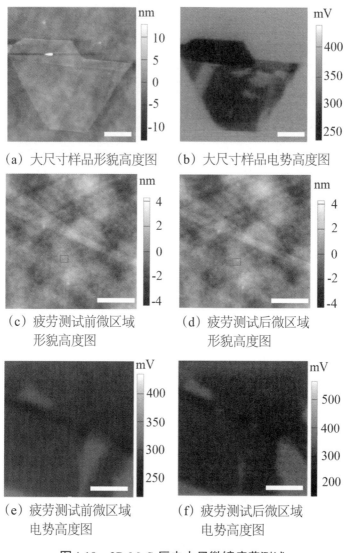

（a）大尺寸样品形貌高度图　　（b）大尺寸样品电势高度图

（c）疲劳测试前微区域　　　　（d）疲劳测试后微区域
　　　形貌高度图　　　　　　　　　形貌高度图

（e）疲劳测试前微区域　　　　（f）疲劳测试后微区域
　　　电势高度图　　　　　　　　　电势高度图

图 4-19　3R-MoS₂ 压电力显微镜疲劳测试

铁电疲劳微观模型指出，铁电材料的疲劳分为两步：第一步，铁电材料的缺陷电荷在外电场作用下迁移聚集在铁电材料一侧；第二步，聚集的缺陷电荷阻碍铁电畴壁的形成或畴壁的移动。基于上述微观模型，针对滑移铁电的抗疲劳特性进行理论分析。MoS_2 的缺陷电荷主要来源于硫空位[216]，其硫空位的类型分为两种，如图 4-20 所示（图中虚线圆表示硫空位，第 1、3 行球表示硫原子，第 2 行球表示钼原子）。首先，对硫空位在垂直电场下的可移动性进行计算，VS_2 和 VS_1 是相同的，仅需要考虑 VS_1 的情形。计算发现硫空位有两种路径，如图 4-21（a）所示。路径 1 说明硫空位在单层内进行移动，从单层底部移动到单层顶部，需要的能量为 2.6 eV；路径 2 展示了硫空位穿过层间范德华间隙，所需的能量为 4.6 eV。而在同等晶胞大小下，铁电极化翻转仅需要 136 meV 能量，这表明铁电极化翻转的能量远低于硫空位的迁移能量。同时基于 4.3.2 节中畴壁移动的极化翻转模型，通过理论计算揭示 3R-MoS_2 的畴壁运动与硫空位之间的相互作用。图 4-21（b）和（c）展示了畴壁在靠近、穿越和远离硫空位的过程中所需要的能量势垒，发现硫空位的增加仅使得畴壁的移动能量上升 40 meV。这表明硫空位对畴壁移动的影响微乎其微，畴壁移动并不会被硫空位"钉扎"。上述计算结果说明 3R-MoS_2 中的硫空位既不会在外电场作用下进行扩散聚集在界面形成"界面死层"，也不会"钉扎"畴壁运动，因而 3R-MoS_2 才会表现出如此出色的抗疲劳特性。

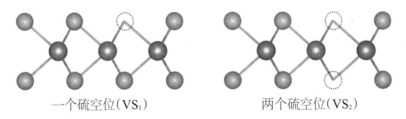

一个硫空位（VS_1）　　　　　两个硫空位（VS_2）

图 4-20　MoS_2 缺陷类型

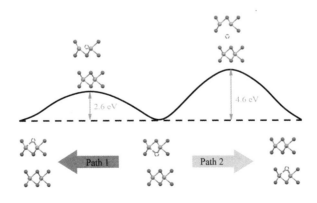

（a）硫空位两种面外不同扩散路径

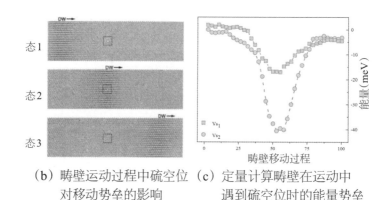

（b）畴壁运动过程中硫空位　（c）定量计算畴壁在运动中
　　对移动势垒的影响　　　　　遇到硫空位时的能量势垒

图4-21　铁电畴壁与硫空位相互作用的能量势垒

为了进一步探究3R-MoS₂滑移铁电体在高温下的抗疲劳行为，通过分子动力学进一步模拟了多个硫空位在电场下的行为。当环境温度从300 K升高至500 K时，热扰动的能量并不会引起硫空位的迁移；当外电场翻转铁电极化时，畴壁并不会被硫空位"钉扎"。与此同时，外电场也并不会引发硫空位的迁移，这表明滑移铁电体具有天然的抗疲劳特性，如图4-22所示。

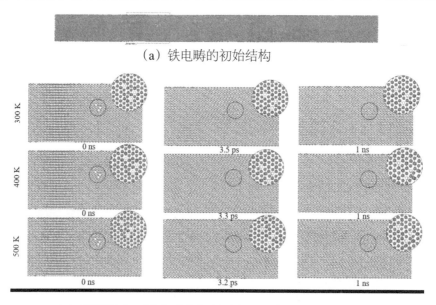

（a）铁电畴的初始结构

（b）不同温度下铁电畴的初始结构、翻转和翻转后的结构

图4-22　不同温度下畴壁运动与硫缺陷在0.5 V/nm电场作用下相互作用

$\boxed{4.3.4}$　滑移铁电极化的超快翻转

　　铁电器件阻态切换得越快，其器件工作所需的能量就越低，因此本章最后一部分对 3R-MoS$_2$ 滑移铁电器件的铁电极化切换速度进行了探究。测试前采用长脉宽时间为 10 s，脉冲幅值为 –0.246 V/nm，将器件设置为高阻态，随后采用不同脉宽时间（53 ns、100 ns、1 μs、10 μs、100 μs、1 ms、10 ms、100 ms、1 s 和 10 s）、脉冲幅值为 0.246 V/nm 的脉冲将器件设置到低阻态。铁电极化被不同脉宽翻转后器件阻态的结果如图 4-23（a）所示，虚线为器件高阻态的参考状态，而圆点为施加不同脉宽后器件的状态，在写入时间低至 53 ns 时，器件的阻态仍能被有效地从高阻态设置为低阻态。图 4-23（b）展示了在脉宽为 53 ns 的脉冲翻转后，器件有着良好的保持特性，在 200 s 电流未有明显的衰减。为了能进一步探索滑移铁电 3R-MoS$_2$ 铁电极化翻转的极限速度，采用理论计算的方式，如图 4-23（c）所示，3R-MoS$_2$ 铁电器件在 0.2 V/nm 的电场作用下，铁电极化翻转的速度达到了3 000 m/s，同时所施加的外电场越大，畴壁的运动速度也越快。理论和实验表明滑移铁电体有望被用于超高速的非易失性存储器件。

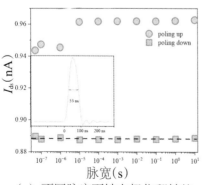

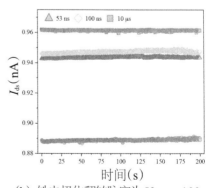

（a）不同脉宽下铁电极化翻转的
　　情况及 53 ns 的实际脉宽图　　

（b）铁电极化翻转脉宽为 53 ns、100 ns
　　和 10 μs 下的铁电极化的保持特性

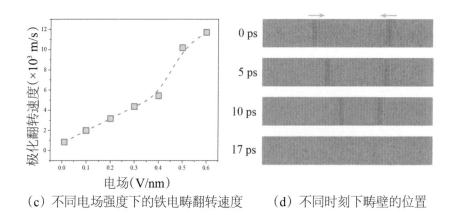

（c）不同电场强度下的铁电畴翻转速度　　　（d）不同时刻下畴壁的位置

图4-23　滑移铁电半导体3R-MoS₂铁电极化超快翻转

4.4　本章小结

　　本章中，在静态电学输运曲线中发现三层3R-MoS₂的反常电流输运态，这是由于电偶极子在界面间的弱相互作用导致极化出现了累积效应，为铁电多态存储提供了一种崭新的途径。同时通过原位开尔文探针测试揭示了3R-MoS₂滑移铁电半导体的铁电翻转直接来源于畴壁的扩展或收缩，不存在新畴成核的过程。另外3R-MoS₂滑移铁电体在经历不同脉宽下一百万次的循环疲劳测试，总疲劳时间达到10^5 s后，铁电性仍然没有出现性能衰退，电阻率稳定地保持在8%，这是由于3R-MoS₂畴壁在移动过程中缺陷被局限在面内，并不会对畴壁形成"钉扎"效应。此外，3R-MoS₂铁电器件的翻转速度高达53 ns。这一系列的亮点，说明3R-MoS₂在非易失性存储领域及存算一体领域有着巨大的应用前景。

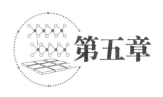

第五章

高性能滑移铁电半导体晶体管

5.1 引言

　　二维范德华材料的出现为进一步解决铁电临界尺寸效应问题提供了全新的途径，然而目前报道的大多数二维铁电材料的铁电极化产生的机制并未超越传统铁电物理的知识体系。直到2017年，研究人员在范德华材料中发现了具有崭新的铁电物理机制的铁电体——滑移铁电体。滑移铁电体通过单层非极性材料改变层间堆垛次序形成双层极性铁电材料，此铁电体的极化起源于层间的不对称电荷转移，并且极化翻转是通过层间滑移一定的晶胞距离产生的。滑移铁电体概念一经提出，研究人员就发现滑移铁电体具有面内高导电性和面外极化解耦合特性，即面内导电载流子并不会屏蔽长程有序偶极矩引起的内建场，这一奇妙特性赋予滑移铁电体丰富的物理特性，如：在双层 1T'-WTe$_2$ 中发现了与金属性共存的铁电性，证实了早已提出的"金属铁电体"的概念[100-101]；在 3R-MoS$_2$ 中发现铁电极化态的数目与层数息息相关，并且发现多层 3R-MoS$_2$ 在电场作用下极化翻转是一种逐层滑移的模式[109, 217]；在 1T'-MoTe$_2$ 中发现铁电和超导共存，铁电极化的翻转可以控制超导性的开关[105]；等等。虽然滑移铁电在铁电物理方面取得了一系列突破性进展，但是滑移铁电体的极化强度弱于二维离子位移型铁电体，这导致滑移铁电体在电子器件方面的研究进展较为缓慢，如：Weston 等人[120]研究了基于 MoS_2 人工滑移铁电半导体的场效应存储晶体管的存储性能，发现器件的开关比不到一个数量级，这使得滑移铁电半导体在电子器件方面的应用不占优势。

3R-MoS_2 滑移铁电半导体一方面展现出优异的铁电物理特性，如高的居里相变温度、面内高导电性与面外极化互不关联特性；另一方面，3R-MoS_2 铁电器件呈现出层数依赖的多极化态及出色的抗疲劳特性。然而3R-MoS_2 铁电器件的存储态的开关比仅在 1 左右，这限制了滑移铁电半导体的实际应用。

为实现高性能铁电存储晶体管的制备，另一种滑移铁电半导体 γ-InSe 引起了人们的关注。早在 2019 年，Hu 等人通过压电力显微镜验证了 β 相硒化铟（β-InSe）具有面内面外的室温铁电性[218-219]；Li 等人通过第一性原理预测了 γ-InSe 具备天然的滑移铁电性[94]；Sui 等人在 γ-InSe 中掺入钇元素观察到滑移铁电性[112]，并且掺杂后的 γ-InSe 的压电系数达到了 7.5 pm/V，同时在室温条件下，γ-InSe[220-221]的场效应迁移率高达 1 000 cm²/（V·s）。

在本章中，用石墨烯为铁电探测层证实 γ-InSe 的铁电性；将 γ-InSe 作为场效应晶体管的沟道材料，利用 γ-InSe 的铁电极化前后对源区肖特基势垒调控，实现了器件的"开启"和"关闭"；器件的存储窗口达到 4.5 V，开关比达到 10^6；并且器件的存储窗口能够被顶栅电压和光照灵活地调制，展示了滑移铁电半导体在存储领域具有广阔的应用前景。

5.2 实验部分

在本节中对双栅γ-InSe电子器件的异质集成的步骤进行介绍，晶体结构表征及电学测量方法与第二章描述相一致，在此不再赘述，具体参考第2.3节器件制备。

双栅滑移铁电晶体管器件的制备流程如图5-1所示，详细的制作步骤如下所述。

（1）通过微机械解离方法制备石墨电极及h-BN二维材料，具体方法如2.3.1所示。

（2）底部及顶部栅极制备。利用转移印章将源漏石墨电极、底部介电层及底部电极制作好，释放在空白硅片上，转移至手套箱中备用；同时将载有顶部栅极及顶部介电层的转移印章也转移至手套箱中。

（3）在手套箱内完成γ-InSe的解离及厚度、形状及层数的判定。

（4）利用载有顶部栅极的转移印章将步骤（3）中的γ-InSe提取出来，随后将顶栅电极和背栅电极进行拼接，完成器件的制备。

（5）按照2.3.3的实验方法完成器件测试电极的制备。

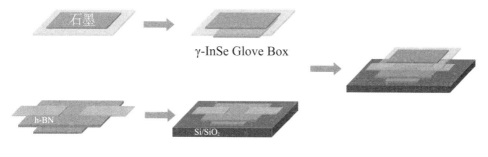

图5-1　器件制备流程

5.3 结果与讨论

5.3.1 γ-InSe晶体结构及铁电性表征

二元三五族化学物 InSe 有着三种不同的结构相：β-InSe、γ-InSe 和 ε-InSe[222]，因此需要先对块体单晶的晶体结构进行确认。本节中主要利用球差电镜对样品的相结构进行确认，图5-2（a）的球差电镜图中，总能够在最小的六边形中心发现被原子占据，故排除了样品属于β相结构的可能性；由于ε-InSe晶面间距的理论值为 0.35 nm，而测量出的晶面间距为 0.2 nm，因此进一步排除了样品属于ε相结构的可能性。γ相的晶面间距理论值为 0.249 6 nm，这正好符合样品的测量值[223]。同时，在图5-2（b）傅里叶变换图谱中，十字交叉的亮点属于硒原子，周围环绕着六个铟原子，这与图5-2（a）中的原子结构俯视图相对应，证明了样品属于γ-InSe。γ-InSe 的自发极化来源与3R-MoS$_2$类似，下层的硒原子将电子转移到上层硒原子，此时铁电极化方向朝下，如图5-2（c）中的箭头所示；在上层滑移半个铟硒键键长后，上层的硒原子将电子转移到下层硒原子，此时铁电极化朝上，如图5-2（d）中的箭头所示。

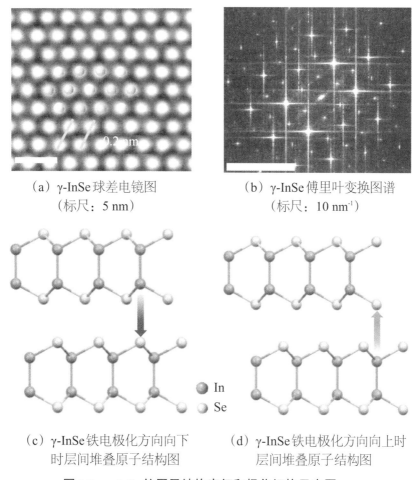

（a）γ-InSe球差电镜图
（标尺：5 nm）

（b）γ-InSe傅里叶变换图谱
（标尺：10 nm⁻¹）

In

Se

（c）γ-InSe铁电极化方向向下
时层间堆叠原子结构图

（d）γ-InSe铁电极化方向向上时
层间堆叠原子结构图

图5-2 γ-InSe的原子结构表征和极化切换示意图

在本章中构建如图5-3（a）所示的器件结构验证γ-InSe具备铁电性，其中γ-InSe作为栅极介质层，单层石墨烯为沟道材料，监测γ-InSe铁电偶极子的翻转[116, 119, 129]，器件光学照片如图5-3（b）所示。栅极电压在±6 V双扫的过程中，石墨烯的转移特性呈现出明显的铁电场效应晶体管特有的电滞回曲线，如图5-3（c）所示：当器件栅极电压正向扫描从−6 V扫描到6 V时（曲线①所示），γ-InSe在−6 V栅极电压作用下，铁电极化被设置为朝下，铁电界面束缚电荷对石墨烯沟道产生了额外的空穴掺杂，因此在负栅极电压区域，正向扫描的电阻值（曲线①所示）要小于反方向扫描（曲线

②所示）的电阻值；当栅极电压反向扫描从6 V扫描到−6 V时（曲线②所示），γ-InSe在6 V栅极电压作用下，此时的铁电极化被设置为朝上，铁电界面束缚电荷对石墨烯沟道产生了额外的电子掺杂，因而在正栅极电压区域，正向扫描的电阻值（曲线①所示）要大于反方向扫描的电阻值（曲线②所示）。图5-3（d）展现了γ-InSe的电偶极子的稳定性，在栅极电压10 V擦除和−14 V写入，经过1 000 s后，石墨烯两个不同的电阻态仍然是可区分的，这表明γ-InSe可以被用于制备非易失性存储器。

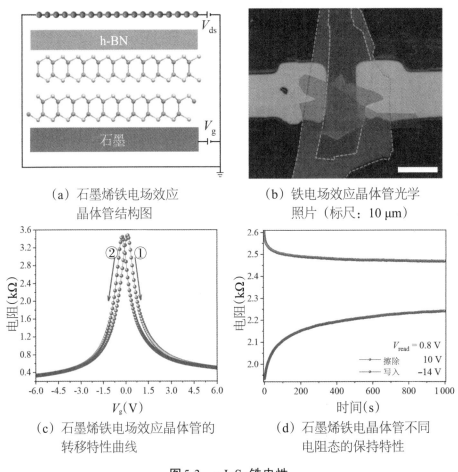

（a）石墨烯铁电场效应
晶体管结构图

（b）铁电场效应晶体管光学
照片（标尺：10 μm）

（c）石墨烯铁电场效应晶体管的
转移特性曲线

（d）石墨烯铁电晶体管不同
电阻态的保持特性

图5-3　γ-InSe铁电性

同时，为证明用石墨烯作为沟道材料判断γ-InSe的铁电性的可靠性，选用空间反演对称性的2H-MoS₂进行了对比试验，其中在3.3.3节中利用双栅电场扫描的方式证明了2H-MoS₂是非极性的。其器件结构与图5-3（a）类似，区别在于将具有铁电性γ-InSe的介电层更换成非极性的2H-MoS₂，制作完成后的器件如图5-4（a）光学照片所示。器件的转移特性如图5-4（b）所示，石墨烯的电阻值在栅极电压从–6 V扫描到6 V再返回到–6 V的过程中，曲线几乎完全重合，这与图5-3（c）所示的电滞回线特性截然不同，表明以石墨烯为沟道材料对材料是否具有铁电性进行探测是一种可行的方法。

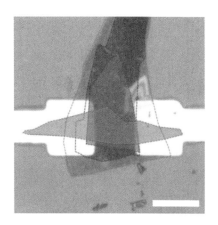 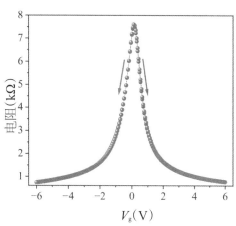

（a）器件光学照片（标尺：10 μm）　　　（b）石墨烯场效应晶体管转移特性

图 5-4　2H-MoS₂介电层石墨烯转移特性曲线

5.3.2　滑移铁电晶体管背栅电学输运特性

尽管石墨烯沟道的铁电场效应晶体管呈现出明显的开关态，但是由于石墨烯零带隙的特性，铁电介质层的极化电荷难以对石墨烯形成较好的掺杂，导致石墨烯铁电场效应晶体管的开关与一般相比不超过一个数量级。为制备出基于滑移铁电半导体的高性能电学器件，尝试将γ-InSe直接作为沟道材料探索其存储性能，选用单层石墨烯作为源漏电极，器件光学显微照片如图5-5（a）所示。在背栅测试过程中，源漏电压固定在1 V，背栅的转移特性曲线如图5-5（b）和（c）所示。在双扫过程中，随着栅极电压从±1 V增加到±5 V，滞回窗口从0.5 V增加到4.5 V，器件开关比高达10⁶。为了排除陷阱电荷的影响，改变栅极电压扫描速度是一种有效的手段[224]，如图5-5（d）所示，当栅极扫描步长从0.5 V减小到0.02 V时，器件的滞回窗口并未出现随着扫描步长减小而增大的情况，表明背栅调节下的高性能晶体管行为源于γ-InSe的本征铁电性而非陷阱电荷。

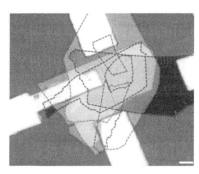

（a）γ-InSe双栅器件光学照片
（标尺：10 μm）

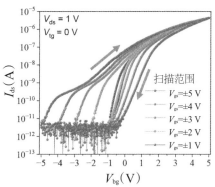

（b）铁电半导体晶体管的不同栅极
电压的背栅转移特性曲线

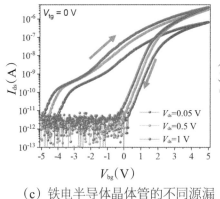

（c）铁电半导体晶体管的不同源漏
电压的背栅转移特性曲线

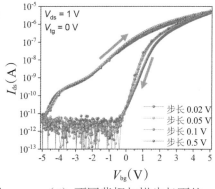

（d）不同背栅扫描步长下的
背栅转移特性曲线

图5-5　γ-InSe滑移铁电半导体场效应晶体管背栅转移特性曲线

在γ-InSe滑移铁电半导体场效应晶体管中，图5-6（a）中的曲线①（铁电半导体场效应晶体管输出特性曲线）呈现出明显的不对称行为，即漏电流随着正向漏电压的增加迅速趋向于饱和，而随着反向漏电压的增加呈指数上升。当源漏接触区存在背靠背肖特基势垒的情况时，反向漏电压会通过镜像电荷效应压低肖特基势垒，导致反向漏电流出现不饱和情况，其工作的能带图如图5-6（b）所示。图中左侧施加偏置电压，右侧接地，小球及其旁的箭头表示电子输运方向。当器件漏端施加正向偏压时，漏端的势垒迅速下降到零，而电子从源端注入沟道遇到恒定的肖特基势垒，导致器件的漏电流快速地达到饱和；而当器件漏端施加反向偏压时，由于源端接地，漏端承担电压降，此时电子从漏端注入沟道时遇到的势垒依赖于施加偏压，导致器件的漏电流随着偏压的增加而增加。这一猜测由 $\ln I_{ds}$ 与 $V_{ds}^{1/4}$ 呈现的线性关系得到证实，如图5-6（a）中曲线②所示。

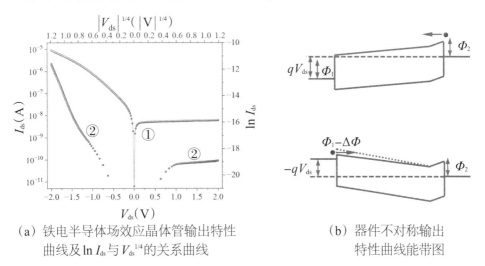

（a）铁电半导体场效应晶体管输出特性　　　　（b）器件不对称输出
　　曲线及 $\ln I_{ds}$ 与 $V_{ds}^{1/4}$ 的关系曲线　　　　　　特性曲线能带图

图5-6　γ-InSe滑移铁电半导体场效应晶体管输出特性分析

通过对上述γ-InSe滑移铁电半导体场效应晶体管的输出特性曲线分析得知：在背栅电压扫描情况下，器件表现出的4.5 V的宽存储窗口和 10^6 的开关比来源于沟道铁电极化翻转前后对源电极处的肖特基势垒高度的调控。在热电子发射模型的基础上，利用式（5-1）定量地提取出γ-InSe的铁电极化朝上和铁电极化朝下两种情形下的肖特基势垒高度差[32, 225]。

$$\ln\frac{I_P}{I_N} \sim -\frac{q(\varPhi_P - \varPhi_N)}{k_B T} \qquad (5\text{-}1)$$

式中，I_P表示施加完正背栅电压后的器件漏电流；I_N表示施加完负背栅电压后的器件漏电流；q表示电子电荷量；$\varPhi_P$表示正背栅电压情形下的肖特基势垒高度；$\varPhi_N$表示负背栅电压情形下的肖特基势垒高度；k_B表示玻尔兹曼常数；T表示热力学温度。

由图5-7（a）点线图①可知，随着背栅电压从1 V增加到5 V，铁电极化前后的肖特基势垒高度值也从25 meV增加到200 meV，这与器件存储窗口逐渐增大趋势保持着一致性。基于以上的分析，背栅下器件的工作机理如图5-7（b）和（c）所示：当背栅施加完正电压后，γ-InSe铁电极化方向被设置为朝上，此时沟道底部聚集负极化电荷，使得γ-InSe的能带向上倾斜，肖特基接触势垒升高；同时为了屏蔽负极化电荷，除了沟道材料自身提供一部分空穴，石墨烯接触区域需额外提供另一部分空穴，这就使得石墨烯的费米能级下降，综合导致肖特基接触势垒进一步升高，器件表现出"关闭"状态（电流降为10^{-12} A）。而当背栅施加完负电压后，γ-InSe铁电极化方向被设置为朝下，此时沟道底部聚集正极化电荷，使得γ-InSe的能带向下倾斜，肖特基接触势垒降低；同时为了屏蔽正极化电荷，除了沟道材料自身提供一部分电子，石墨烯接触区域需额外提供另一部分电子，这就使得石墨烯的费米能级上升，诱导肖特基接触势垒整体进一步降低，器件表现出"开启"状态（电流为10^{-7} A）。

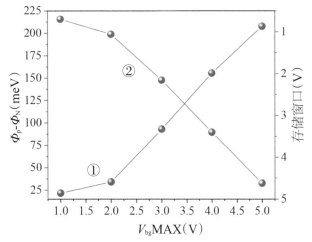

（a）背栅电压对肖特基势垒高度调控及存储窗口关系

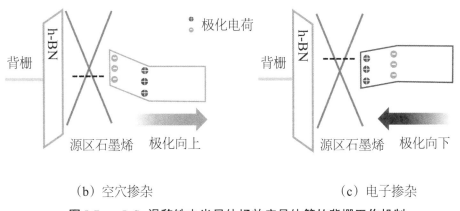

（b）空穴掺杂　　　　　　　　　　（c）电子掺杂

图5-7　γ-InSe滑移铁电半导体场效应晶体管的背栅工作机制

5.3.3　滑移铁电晶体管顶栅电学输运特性

　　为了进一步验证上述中背栅情况下γ-InSe器件呈现出的大存储窗口的工作机制，同步地测试了γ-InSe铁电器件的顶栅转移特性曲线，结果如图5-8所示。在图5-8（a）中，顶部栅极电压从1 V增加到5 V时，存储窗口仅从0.5 V增加到1 V，并未表现出明显的依赖于栅极电压；同时在图5-8（b）

中，在顶部栅极电压超过 1 V 后，漏电流基本处于饱和状态。而在背部栅极电压中，漏电流一直随着栅极电压增加而增加。这表明顶部栅极电压未对源区的肖特基势垒起到调制的作用。主要原因是当顶部栅施加完正电压后，γ-InSe铁电极化方向被设置为朝下，铁电极化负电荷聚集在γ-InSe内部，沟道体内提供了足够多的空穴屏蔽了负极化电荷，在接触区域肖特基势垒几乎未有明显变化。

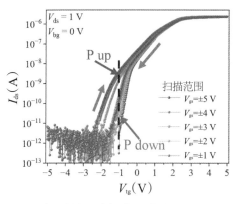 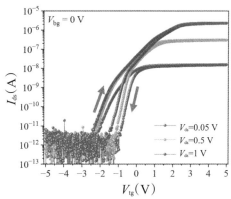

(a) 滑移铁电半导体晶体管的不同　　　　(b) 铁电半导体晶体管的不同源漏
　　顶部栅极电压下的转移特性曲线　　　　　　电压下的顶栅转移特性曲线

图5-8　γ-InSe滑移铁电半导体场效应晶体管顶栅转移特性曲线

对于传统的铁电场效应晶体管，如图5-9（a）所示，铁电材料为介电层，半导体沟道载流子耗尽和积累的改变由铁电栅极表面的束缚极化电荷的翻转完成，通过束缚电荷的极性翻转调控了器件的阈值电压，实现逆时针的转移特性滞回曲线。对于铁电半导体场效应晶体管，器件结构如图5-9（b）所示，介电层为非极性，沟道为铁电半导体，顶栅转移特性曲线的工作机制归结于铁电半导体的部分极化，能带图如图5-9（c）所示。当顶栅施加负电压时，铁电极化方向朝上，此时γ-InSe上表面聚集正极化电荷，电子为屏蔽正极化电荷会积聚在上表面，诱导能带向下弯曲，此时器件处于"开启"状态；而负极化电荷聚集在样品内部，负极化电荷由体内空穴屏蔽。类似地，当顶栅施加正电压时，铁电极化方向朝下，此时γ-InSe上表面聚集负极化电荷，空穴内屏蔽负极化电荷会积聚在上表面，诱导能带向上弯曲，此时器件处于"关闭"状态；而正极化电荷聚集在样品内部，正极化电荷由体内电子屏蔽，此时器件表现出顺时针的转移特性滞回曲线。

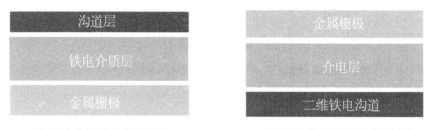

（a）传统铁电场效应晶体管器件结构图　　（b）铁电半导体场效应晶体管器件结构图

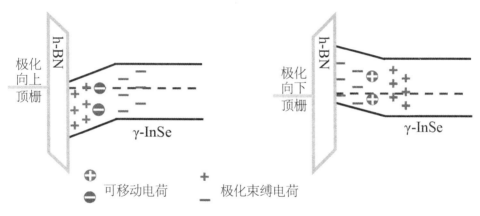

（c）顶栅顺时针的转移特性滞回曲线时部分极化的能带图

图5-9　γ-InSe滑移铁电半导体场效应晶体管顶栅工作机理能带图

5.3.4 载流子浓度对滑移铁电晶体管存储性能的影响

通过静电栅压或光注入方式调控沟道γ-InSe的载流子浓度，这便于研究载流子浓度对γ-InSe滑移铁电半导体晶体管中存储性能的影响，其测试结果如图5-10（a）和（c）所示。当顶部栅极电压处于-2 V和-1 V时，器件的存储窗口并未出现明显的变化，器件的开关比稳定在10^6左右，器件的

"关态"电流在10^{-12} A；而顶部栅极电压处于2 V和1 V时，器件的存储窗口几乎消失，器件的开关比降低至10^3，器件的"关态"电流在10^{-8} A，如图5-10（b）所示。在532 nm激光光照时，器件的背栅转移特性曲线表现出和正静电栅压调控沟道相同的趋势，即器件的存储窗口消失，器件的"关态"电流上升至10^{-8} A，器件开关比降低至10^3，如图5-10（d）所示。

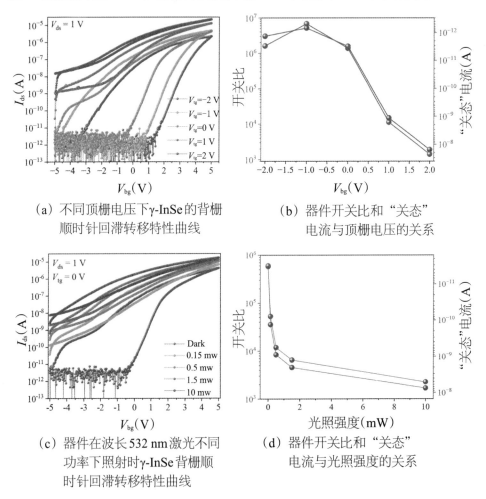

（a）不同顶栅电压下γ-InSe的背栅顺时针回滞转移特性曲线

（b）器件开关比和"关态"电流与顶栅电压的关系

（c）器件在波长532 nm激光不同功率下照射时γ-InSe背栅顺时针回滞转移特性曲线

（d）器件开关比和"关态"电流与光照强度的关系

图5-10　载流子掺杂时γ-InSe滑移铁电半导体场效应晶体管背栅转移特性曲线

依据器件在背栅调控下的工作机制，利用式（5-1）提取出器件在受到载流子浓度掺杂时，铁电极化翻转前后对源极肖特基势垒调控的作用，结果如图5-11（a）所示。具体而言，当正顶部栅极电压或者光注入向沟道注入电子时，石墨烯电极和沟道的费米能级差值变小，初始的肖特基势垒高度很大程度被削弱，导致铁电极化束缚电荷对势垒高度的调制作用起到微乎其微的作用，即肖特基势垒从最初的200 meV减退到20 meV，对应的能带图如图5-11（b）所示（虚线①表示沟道未有载流子浓度掺杂时的肖特基势垒高度，实线②表示沟道载流子浓度掺杂时的肖基势垒高度）。当沟道中的载流子被顶部栅极耗尽时，器件处于绝缘状态，铁电极化翻转前后沟道并不能提供足够多的载流子屏蔽束缚电荷，这一部分的屏蔽电荷全部由石墨烯做补偿，此时肖特基势垒高度差得到进一步提升，从200 meV抬升到275 meV。

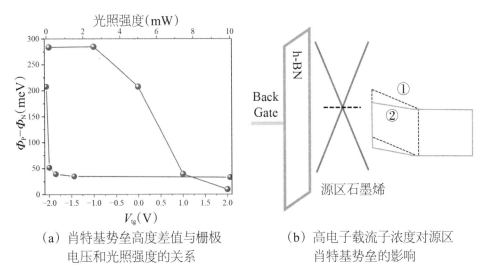

（a）肖特基势垒高度差值与栅极　　　　（b）高电子载流子浓度对源区
　　电压和光照强度的关系　　　　　　　　肖特基势垒的影响

图5-11　载流子浓度对γ-InSe滑移铁电半导体场效应晶体管存储性能影响的机理

在顶栅转移特性曲线中，无论是背栅电压还是光照，在调控载沟道流子浓度时，器件表现出完全不同于背栅转移特性曲线的性质，即器件的存储窗口几乎维持在1 V左右，同时器件的"关态"电流维持在10^{-11} A，并未明显的上升，如图5-12（a）和（b）所示。这也从侧面说明器件的顶部栅极和背部栅极存在不同的工作机制。而根据5.3.3节的工作机制分析得知，滑移铁电半导体器件在本征铁电极化出现的存储性能并不会受到载流子浓度的影响。

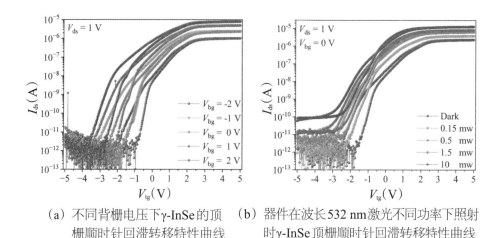

（a）不同背栅电压下γ-InSe的顶栅顺时针回滞转移特性曲线　（b）器件在波长532 nm激光不同功率下照射时γ-InSe顶栅顺时针回滞转移特性曲线

图5-12　载流子掺杂时γ-InSe滑移铁电半导体场效应晶体管顶栅转移特性曲线

5.3.5 电场作用下铁电半导体晶体管的存储性能

在上述讨论中，顶栅对肖特基势垒高度的调制效果较差。为了改善这一缺点，采用了如图5-13（a）和（b）所示的测量方式。即将源漏电极悬空，背栅接地，顶栅电极施加贯穿整个沟道的电场，完成铁电的完全极化后，背栅电极用于读取器件极化后的状态[226]。结果如图5-13（c）所示，在顶栅极化电压为±10 V时，由于未达到铁电极化翻转的矫顽场，背栅转移特性曲线未发生显著的变化；当顶栅极化电压为±30 V时，铁电极化发生翻转。具体而言：当顶栅施加30 V电压时，铁电极化方向朝下，γ-InSe上表面聚集负极化电荷，下表面聚集正极化电荷，为屏蔽下表面正极化电荷，石墨烯接触区域需提供电子，这就使得石墨烯的费米能级上升，导致肖特基接触势垒降低，此时器件处于"开启"状态；当顶栅施加-30 V电压时，铁电极化方向朝上，γ-InSe上表面聚集正极化电荷，下表面聚集负极化电荷，为屏蔽下表面负极化电荷，石墨烯接触区域需提供空穴，这就使得石墨烯的费米能级下降，导致肖特基接触势垒上升，此时器件处于"关闭"状态。

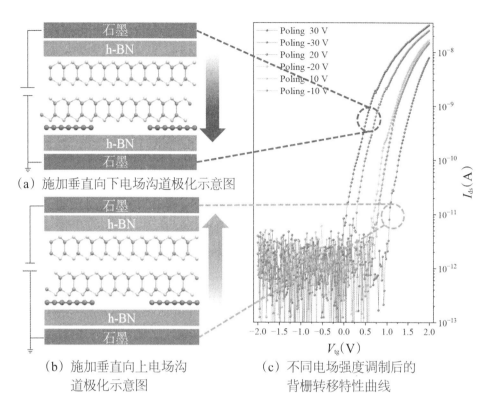

（a）施加垂直向下电场沟道极化示意图

（b）施加垂直向上电场沟
道极化示意图

（c）不同电场强度调制后的
背栅转移特性曲线

图5-13　γ-InSe滑移铁电半导体场效应晶体管在50 K时电场调控下的电学输运

图5-14（a）呈现了电场调控下的γ-InSe铁电半导体晶体管存储性能。在施加完±25 V电压后，背栅转移特性曲线出现了明显的存储窗口，图中曲线①和②所示，器件的开关比达到了10^3；同时器件在经历1 000 s后，器件的电流稳定地保持在10^{-12} A和10^{-8} A，如图5-14（b）所示，这表明器件拥有出色的保持特性。类似地，也研究了在电场调控下的器件与光的相互作用。图5-14（c）中，实线表示器件在完全极化后的两个存储态，在光照时，器件都处于"开启"态；而撤去光照后，器件的"关闭"态被擦除到了"开启"态，如图5-14（d）所示。这表明光照可以切换γ-InSe铁电半导体晶体管的状态。

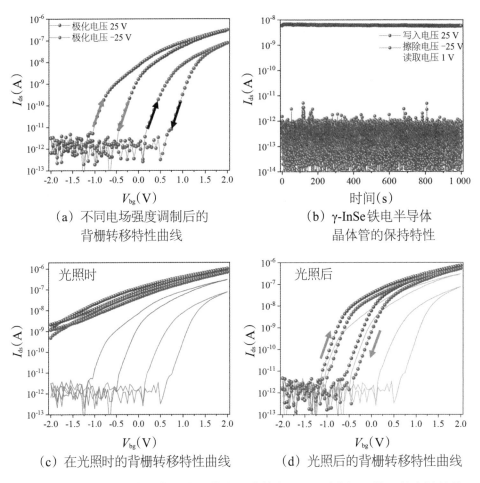

（a）不同电场强度调制后的
背栅转移特性曲线

（b）γ-InSe铁电半导体
晶体管的保持特性

（c）在光照时的背栅转移特性曲线

（d）光照后的背栅转移特性曲线

图5-14　γ-InSe滑移铁电半导体场效应晶体管在250 K时电场调控下的存储性能

5.4　本章小结

在本章中，为实现高性能滑移铁电半导体晶体管的制备，将γ-InSe作为晶体管的沟道材料，利用单层石墨烯在狄拉克点处的低态密度特性，将单层石墨烯作为源漏电极，构建出肖特基势垒可调的铁电半导体场效应晶

体管。该器件的"开启"和"关闭"的切换依赖于器件源区的肖特基势垒高度变化。势垒高度变化来自石墨烯电极对铁电极化翻转前后界面束缚电荷的屏蔽效应，晶体管在铁电极化前后的势垒差值达到250 meV；"开态"电流和"关态"电流的开关比高至10^6；存储窗口达到4.5 V；器件高低阻态的保持特性达到1 000 s。此外，器件的存储窗口可以被顶部栅极电压和光照灵活地调控，这为多功能光电子器件提供了一条新的途径。

第六章

总结与展望

6.1 研究总结

在铁电发展近一个世纪的节点时，滑移铁电体进入人们的视线，并迅速地在理论和实验上得以验证。在现阶段，少有关于滑移铁电半导体的铁电物理及电子器件的特性研究，因此本书主要聚焦于上述问题，研究内容及结论如下。

（1）通过化学气相输运方法合成块体单晶MoS_2，并利用X射线衍射仪及透射电子显微镜证实所合成的单晶MoS_2属于3R相。利用场效应电学输运表征了双层3R-MoS_2半导体特性：在输出特性曲线中表现出明显的背靠背肖特基势垒输运特性，通过变温测试提取计算出的肖特基势垒高度均为110 meV；在转移特性曲线中，双层3R-MoS_2呈现出明显的n型导电沟道特性，并且器件开关比高达10^8，载流子迁移率高达8.6 cm²/（V·s）；亚阈值摆幅低至116 mV/dec。通过动态电学输运表征了3R-MoS_2滑移铁电特性：双层及三层3R-MoS_2的动态电学曲线呈现出明显的铁电双稳态，而单层及双层空间对称的MoS_2的动态电学输运呈现出常规的电学特性。同时，

3R-MoS₂样品不仅呈现出高居里相变温度，而且样品内载流子浓度高至 $5.42×10^{12}$ cm^{-2} 时铁电极化依然可以被外电场翻转。

（2）在静态电学输运曲线测量中，发现双层 3R-MoS₂ 器件的漏电流呈现出"矩形回线"，而三层 3R-MoS₂ 器件的漏电流呈现出"蝶形回线"；同时，双层 3R-MoS₂ 开尔文表面电势仅存在一个台阶，而三层 3R-MoS₂ 却有三个台阶，再结合第一性原理计算得出，在 3R-MoS₂ 中界面间的极化态处于解耦合状态，多层的 3R-MoS₂ 在外电场下是逐层翻转的。这使得铁电器件的存储密度得以大幅提升。通过开尔文表面电势显微镜测试，揭示了滑移铁电半导体中铁电极化翻转依赖于畴壁扩展或收缩，并不存在新畴成核这一过程。由于硫空位难以跟随极化电场迁移，因此剩余极化强度并不会受双极性疲劳测试电场影响，3R-MoS₂ 展现出优异的抗疲劳特性：疲劳循环次数高达一百万次，疲劳时间达到 10^5 s。

（3）为克服滑移铁电体极化强度较小的缺陷，通过在源漏端引入可调费米能级的单层石墨烯，构筑了可调肖特基势垒滑移铁电半导体场效应晶体管。当沟道铁电极化向上时，沟道底部聚集负电荷使得源端石墨烯费米能级升高，此时电子的输运势垒降低，器件处于"开启"状态；而当沟道铁电极化向下时，沟道底部聚集正电荷使得源端石墨烯费米能级降低，此时电子的输运势垒上升，器件处于"关闭"状态。基于上述工作机制，器件的存储窗口达到 4.5 V，开关比高至 10^6，同时数据保持特性达到 1 000 s。该器件的存储性能展现了灵活可调控性：当沟道内电子浓度升高时，肖特基势垒降低，此时器件的存储窗口和开关比逐渐减小。

6.2 研究主要创新点

（1）得益于滑移铁电半导体范德华界面间极化态的解耦合状态，n 层的

3R-MoS$_2$具有2^{n-1}个铁电存储态，这使得基于滑移铁电制备的器件存储密度得以大幅提升。

（2）3R-MoS$_2$的铁电性由层间滑移诱导面外不对称电荷转移实现铁电极化翻转。这一全新的铁电体无论在极化起源还是在极化切换方面并未涉及离子位移，从而赋予了3R-MoS$_2$滑移铁电天然的抗疲劳特性。

（3）通过在源漏端引入可调费米能级的单层石墨烯，构筑了可调肖特基势垒滑移铁电半导体场效应晶体管，克服了滑移铁电体极化强度较小的缺陷。铁电器件的存储窗口达到4.5 V，开关比高至10^6，同时数据保持特性达到1 000 s。

6.3 研究展望

（1）尽管本书通过双栅器件的蝶形曲线确认了3R-MoS$_2$的铁电性，并通过对比实验排除了其余因素的影响，但是仍需要进一步将电性曲线与滑移铁电体的物理特性联系起来，同时也需要发展新的表征技术用于确认这一新型滑移铁电体的铁电性。

（2）目前所报道的滑移铁电体的尺寸在几十微米级别，而在面向实际应用时，需要晶圆级的尺寸。考虑到滑移铁电体的铁电性依赖于层间堆垛次序，在制备晶圆级样品时需要控制铁电相均一性。

（3）滑移铁电体由于极化来源于层间电子云畸变，导致极化强度较弱，因而探索出高极化强度的滑移铁电体是解决滑移铁电体迈向实际应用中的关键一环。同时，要通过合理的器件结构设计，设计出高性能的滑移铁电光电子器件，如铁电隧道结、铁电光伏器件等。

参考文献

[1] A century of ferroelectricity[J]. Nature Materials, 2020, 19(2): 129-129.

[2] VALASEK J. Piezo-electric and allied phenomena in Rochelle salt[J]. Physical Review, 1921, 17(4): 475.

[3] SCOTT J. Applications of modern ferroelectrics[J]. Science, 2007, 315(5814): 954-959.

[4] KHAN A I, KESHAVARZI A, DATTA S. The future of ferroelectric field-effect transistor technology[J]. Nature Electronics, 2020, 3(10): 588-597.

[5] MARTIN L W, RAPPE A M. Thin-film ferroelectric materials and their applications [J]. Nature Reviews Materials, 2016, 2(2): 16087.

[6] MIKOLAJICK T, SCHROEDER U, SLESAZECK S. The past, the present, and the future of ferroelectric memories[J]. IEEE Transactions on Electron Devices, 2020, 67(4): 1434-1443.

[7] MIKOLAJICK T, DEHM C, HARTNER W, et al. FeRAM technology for high density applications[J]. Microelectronics Reliability, 2001, 41(7): 947-950.

[8] ARIMOTO Y, ISHIWARA H. Current status of ferroelectric random-access memory [J]. MRS Bulletin, 2004, 29(11): 823-828.

[9] LUE H T, WU C J, TSENG T Y. Device modeling of ferroelectric memory field-effect transistor for the application of ferroelectric random access memory[J]. IEEE Transactions on Ultrasonics, Ferroelectrics, and Frequency Control, 2003, 50(1): 5-14.

[10] RODRIGUEZ J, REMACK K, GERTAS J, et al. Reliability of ferroelectric random access memory embedded within 130nm CMOS[C]. 2010 IEEE International Reliability Physics Symposium, Anaheim, CA, USA, 2010: 750-758.

[11] ESHITA T, WANG W, NOMURA K, et al. Development of highly reliable ferro-electric random access memory and its internet of things applications[J]. Japanese Journal of Applied Physics, 2018, 57(11S): 11UA01.

[12] HOFFMAN J, PAN X, REINER J W, et al. Ferroelectric field effect transistors for memory applications[J]. Advanced Materials, 2010, 22(26-27): 2957-2961.

[13] CHAI X, JIANG J, ZHANG Q, et al. Nonvolatile ferroelectric field-effect transistors[J]. Nature Communications, 2020, 11(1): 2811.

[14] KIM J Y, CHOI M J, JANG H W. Ferroelectric field effect transistors: progress and perspective[J]. APL Materials, 2021, 9(2): 021102.

[15] MULAOSMANOVIC H, BREYER E T, DÜNKEL S, et al. Ferroelectric field-effect transistors based on HfO$_2$: a review[J]. Nanotechnology, 2021, 32 (50): 502002.

[16] NABER R C, TANASE C, BLOM P W, et al. High-performance solution-processed polymer ferroelectric field-effect transistors[J]. Nature Materials, 2005, 4 (3): 243-248.

[17] MATHEWS S, RAMESH R, VENKATESAN T, et al. Ferroelectric field effect transistor based on epitaxial perovskite heterostructures[J]. Science, 1997, 276 (5310): 238-240.

[18] BLOM P, WOLF R, CILLESSEN J, et al. Ferroelectric schottky diode[J]. Physical Review Letters, 1994, 73(15): 2107.

[19] CHOI T, LEE S, CHOI Y, et al. Switchable ferroelectric diode and photovoltaic effect in BiFeO$_3$[J]. Science, 2009, 324(5923): 63-66.

[20] FAN Z, FAN H, LU Z, et al. Ferroelectric diodes with charge injection and trapping[J]. Physical Review Applied, 2017, 7(1): 014020.

[21] GE C, WANG C, JIN K, et al. Recent progress in ferroelectric diodes: explorations in switchable diode effect[J]. Nano-Micro Letters, 2013, 5: 81-87.

[22] LUO Q, CHENG Y, YANG J, et al. A highly CMOS compatible hafnia-based ferroelectric diode[J]. Nature Communications, 2020, 11(1): 1391.

[23] CHANTHBOUALA A, CRASSOUS A, GARCIA V, et al. Solid-state memories based on ferroelectric tunnel junctions[J]. Nature Nanotechnology, 2012, 7(2): 101-104.

[24] GARCIA V, BIBES M. Ferroelectric tunnel junctions for information storage and processing[J]. Nature Communications, 2014, 5(1): 4289.

[25] KOHLSTEDT H, PERTSEV N, CONTRERAS J R, et al. Theoretical current-voltage characteristics of ferroelectric tunnel junctions[J]. Physical Review B, 2005, 72 (12): 125341.

[26] VELEV J P, BURTON J D, ZHURAVLEV M Y, et al. Predictive modelling of ferroelectric tunnel junctions[J]. NPJ Computational Materials, 2016, 2(1): 16009.

[27] WEN Z, WU D. Ferroelectric tunnel junctions: modulations on the potential barrier [J]. Advanced Materials, 2020, 32(27): 1904123.

[28] GIOVANNETTI G, VAN DEN BRINK J. Electronic correlations decimate the ferroelectric polarization of multiferroic $HoMn_2O_5$[J]. Physical Review Letters, 2008, 100(22): 227603.

[29] LOTTERMOSER T, MEIER D, PISAREV R V, et al. Giant coupling of second-harmonic generation to a multiferroic polarization[J]. Physical Review B, 2009, 80(10): 100101.

[30] PARTZSCH S, WILKINS S, HILL J, et al. Observation of electronic ferroelectric polarization in multiferroic YMn_2O_5[J]. Physical Review Letters, 2011, 107(5): 057201.

[31] WONG H S P, SALAHUDDIN S. Memory leads the way to better computing[J]. Nature Nanotechnology, 2015, 10(3): 191-194.

[32] XUE F, HE X, RETAMAL J R D, et al. Gate-tunable and multidirection-switchable memristive phenomena in a van der Waals ferroelectric[J]. Advanced Materials, 2019, 31(29): 1901300.

[33] DAWBER M, RABE K, SCOTT J. Physics of thin-film ferroelectric oxides[J]. Reviews of Modern Physics, 2005, 77(4): 1083.

[34] GERRA G, TAGANTSEV A, SETTER N, et al. Ionic polarizability of conductive metal oxides and critical thickness for ferroelectricity in BaTiO$_3$[J]. Physical Review Letters, 2006, 96(10): 107603.

[35] JUNQUERA J, GHOSEZ P. Critical thickness for ferroelectricity in perovskite ultrathin films[J]. Nature, 2003, 422(6931): 506-509.

[36] KIM Y, KIM D, KIM J, et al. Critical thickness of ultrathin ferroelectric BaTiO$_3$ films[J]. Applied Physics Letters, 2005, 86(10): 102907.

[37] VOGEL A, RUIZ CARIDAD A, NORDLANDER J, et al. Origin of the critical thickness in improper ferroelectric thin films[J]. ACS Applied Materials & Interfaces, 2023, 15(14): 18482-18492.

[38] WANG B, WOO C. Curie temperature and critical thickness of ferroelectric thin films[J]. Journal of Applied Physics, 2005, 97(8): 084109.

[39] NOVOSELOV K S, GEIM A K, MOROZOV S V, et al. Electric field effect in atomically thin carbon films[J]. Science, 2004, 306(5696): 666-669.

[40] LIU Y, DUAN X, HUANG Y, et al. Two-dimensional transistors beyond graphene and TMDCs[J]. Chemical Society Reviews, 2018, 47(16): 6388-6409.

[41] HUANG Z, LIU H, HU R, et al. Structures, properties and application of 2D monoelemental materials (Xenes) as graphene analogues under defect engineering [J]. Nano Today, 2020, 35: 100906.

[42] NOVOSELOV K S, JIANG D, SCHEDIN F, et al. Two-dimensional atomic crystals[J]. Proceedings of the National Academy of Sciences, 2005, 102 (30): 10451-10453.

[43] AUGUSTIN M, JENKINS S, EVANS R F, et al. Properties and dynamics of meron topological spin textures in the two-dimensional magnet CrCl$_3$[J]. Nature Communications, 2021, 12(1): 185.

[44] GONG C, LI L, LI Z, et al. Discovery of intrinsic ferromagnetism in two-dimensional van der Waals crystals[J]. Nature, 2017, 546(7657): 265-269.

[45] LU S, GUO D, CHENG Z, et al. Controllable dimensionality conversion between

1D and 2D CrCl₃ magnetic nanostructures[J]. Nature Communications, 2023, 14 (1): 2465.

[46] LU X, FEI R, ZHU L, et al. Meron-like topological spin defects in monolayer CrCl₃[J]. Nature Communications, 2020, 11(1): 4724.

[47] WANG Z, GIBERTINI M, DUMCENCO D, et al. Determining the phase diagram of atomically thin layered antiferromagnet CrCl₃[J]. Nature Nanotechnology, 2019, 14(12): 1116-1122.

[48] CHEN L, MAO C, CHUNG J H, et al. Anisotropic magnon damping by zero-temperature quantum fluctuations in ferromagnetic CrGeTe₃[J]. Nature Communications, 2022, 13(1): 4037.

[49] BHOI D, GOUCHI J, HIRAOKA N, et al. Nearly room-temperature ferromagnetism in a pressureinduced correlated metallic state of the van der Waals insulator CrGeTe₃[J]. Physical Review Letters, 2021, 127(21): 217203.

[50] LIN G, ZHUANG H, LUO X, et al. Tricritical behavior of the two-dimensional intrinsically ferromagnetic semiconductor CrGeTe₃[J]. Physical Review B, 2017, 95 (24): 245212.

[51] ZHU F, ZHANG L, WANG X, et al. Topological magnon insulators in two-dimensional van der Waals ferromagnets CrSiTe₃ and CrGeTe₃: toward intrinsic gap-tunability[J]. Science Advances, 2021, 7(37): eabi7532.

[52] DENG Y, YU Y, SONG Y, et al. Gate-tunable room-temperature ferromagnetism in two-dimensional Fe₃GeTe₂[J]. Nature, 2018, 563(7729): 94-99.

[53] FEI Z, HUANG B, MALINOWSKI P, et al. Two-dimensional itinerant ferromagnetism in atomically thin Fe₃GeTe₂[J]. Nature Materials, 2018, 17(9): 778-782.

[54] TAN C, LEE J, JUNG S G, et al. Hard magnetic properties in nanoflake van der Waals Fe₃GeTe₂[J]. Nature Communications, 2018, 9(1): 1554.

[55] WANG X, TANG J, XIA X, et al. Current-driven magnetization switching in a van der Waals ferromagnet Fe₃GeTe₂[J]. Science Advances, 2019, 5(8): eaaw8904.

[56] GINZBURG V L. Phase transitions in ferroelectrics: some historical remarks[J].

Physics-Uspekhi, 2001, 44(10): 1037.

[57] SCOTT J. Soft-mode spectroscopy: experimental studies of structural phase transitions[J]. Reviews of Modern Physics, 1974, 46(1): 83.

[58] LI S, EASTMAN J, LI Z, et al. Size effects in nanostructured ferroelectrics[J]. Physics Letters A, 1996, 212(6): 341-346.

[59] MOROZOVSKA A, ELISEEV E, BRAVINA S, et al. Landau-Ginzburg-Devonshire theory for electromechanical hysteresis loop formation in piezoresponse force microscopy of thin films[J]. Journal of Applied Physics, 2011, 110(5): 052011.

[60] SALAHUDDIN S, DATTA S. Use of negative capacitance to provide voltage amplification for low power nanoscale devices[J]. Nano Letters, 2008, 8 (2) : 405-410.

[61] WONG J C, SALAHUDDIN S. Negative capacitance transistors[J]. Proceedings of the IEEE, 2018, 107(1): 49-62.

[62] COCHRAN W. Crystal stability and the theory of ferroelectricity[J]. Advances in Physics, 1960, 9(36): 387-423.

[63] COCHRAN W. Crystal stability and the theory of ferroelectricity[J]. Physical Review Letters, 1959, 3(9): 412-414.

[64] COCHRAN W. Lattice vibrations[J]. Reports on Progress in Physics, 1963, 26 (1): 1.

[65] ANDERSON P. Fizika dielektrikov[J]. Akad. Nauk SSSR, Moscow, 1960: 290-296.

[66] BROUT R, MÜLLER K A, THOMAS H. Tunnelling and collective excitations in a microscopic model of ferroelectricity[J]. Solid State Communications, 1966, 4 (10): 507-510.

[67] DE GENNES P. Collective motions of hydrogen bonds[J]. Solid State Communications, 1963, 1(6): 132-137.

[68] MEHTA R, SILVERMAN B, JACOBS J. Depolarization fields in thin ferroelectric films[J]. Journal of Applied Physics, 1973, 44(8): 3379-3385.

[69] BATRA I P, SILVERMAN, B D. Thermodynamic stability of thin ferroelectric films[J]. Solid State Communications, 1972, 11(1): 291-294.

[70] BUNE A V, FRIDKIN V M, DUCHARME S, et al. Two-dimensional ferroelectric films[J]. Nature, 1998, 391(6670): 874-877.

[71] TYBELL T, AHN C, TRISCONE J M. Ferroelectricity in thin perovskite films[J]. Applied Physics Letters, 1999, 75(6): 856-858.

[72] MAISONNEUVE V, EVAIN M, PAYEN C, et al. Room-temperature crystal structure of the layered phase $Cu^{I}In^{III}P_2S_6$[J]. Journal of Alloys and Compounds, 1995, 218(2): 157-164.

[73] MAISONNEUVE V, CAJIPE V, SIMON A, et al. Ferrielectric ordering in lamellar $CuInP_2S_6$[J]. Physical Review B, 1997, 56(17): 10860.

[74] BELIANINOV A, HE Q, DZIAUGYS A, et al. $CuInP_2S_6$ room temperature layered ferroelectric[J]. Nano Letters, 2015, 15(6): 3808-3814.

[75] LIU F, YOU L, SEYLER K L, et al. Room-temperature ferroelectricity in $CuInP_2S_6$ ultrathin flakes[J]. Nature Communications, 2016, 7(1): 12357.

[76] BREHM J A, NEUMAYER S M, TAO L, et al. Tunable quadruple-well ferroelectric van der Waals crystals[J]. Nature Materials, 2020, 19(1): 43-48.

[77] BALAKRISHNAN N, STEER E D, SMITH E F, et al. Epitaxial growth of γ-InSe and α, β, and γ-In_2Se_3 on ε-GaSe[J]. 2D Materials, 2018, 5(3): 035026.

[78] DING W, ZHU J, WANG Z, et al. Prediction of intrinsic two-dimensional ferroelectrics in In_2Se_3 and other III_2-VI_3 van der Waals materials[J]. Nature Communications, 2017, 8(1): 14956.

[79] CUI C, HU W J, YAN X, et al. Intercorrelated in-plane and out-of-plane ferroelectricity in ultrathin two-dimensional layered semiconductor In_2Se_3[J]. Nano Letters, 2018, 18(2): 1253-1258.

[80] HIGASHITARUMIZU N, KAWAMOTO H, LEE C J, et al. Purely in-plane ferroelectricity in monolayer SnS at room temperature[J]. Nature Communications, 2020, 11(1): 2428.

[81] BAO Y, SONG P, LIU Y, et al. Gate-tunable in-plane ferroelectricity in few-layer SnS[J]. Nano Letters, 2019, 19(8): 5109-5117.

[82] CHANG K, KÜSTER F, MILLER B J, et al. Microscopic manipulation of ferro-electric domains in SnSe monolayers at room temperature[J]. Nano Letters, 2020, 20(9): 6590-6597.

[83] LIU K, LU J, PICOZZI S, et al. Intrinsic origin of enhancement of ferroelectricity in SnTe ultrathin films[J]. Physical Review Letters, 2018, 121(2): 027601.

[84] JEONG K, LEE H, LEE C, et al. Ferroelectric switching in GeTe through rotation of lone-pair electrons by electric field-driven phase transition[J]. Applied Materials Today, 2021, 24: 101122.

[85] LAI Y, SONG Z, WAN Y, et al. Two-dimensional ferromagnetism and driven fer-roelectricity in van der Waals CuCrP$_2$S$_6$[J]. Nanoscale, 2019, 11(12): 5163-5170.

[86] SHIRODKAR S N, WAGHMARE U V. Emergence of ferroelectricity at a met-al-semiconductor transition in a 1T monolayer of MoS$_2$[J]. Physical Review Let-ters, 2014, 112(15): 157601.

[87] CHANG K, LIU J, LIN H, et al. Discovery of robust in-plane ferroelectricity in atomic-thick SnTe[J]. Science, 2016, 353(6296): 274-278.

[88] GOU J, BAI H, ZHANG X, et al. Two-dimensional ferroelectricity in a single-ele-ment bismuth monolayer[J]. Nature, 2023, 617(7959): 67-72.

[89] GUAN S, LIU C, LU Y, et al. Tunable ferroelectricity and anisotropic electric transport in monolayer β-GeSe[J]. Physical Review B, 2018, 97(14): 144104.

[90] SON S, LEE Y, KIM J H, et al. Multiferroic-enabled magnetic-excitons in 2D quantum-entangled van der Waals antiferromagnet NiI$_2$[J]. Advanced Materials, 2022, 34(10): 2109144.

[91] SONG Q, OCCHIALINI C A, ERGEÇEN E, et al. Evidence for a single-layer van der Waals multiferroic[J]. Nature, 2022, 602(7898): 601-605.

[92] YOU L, LIU F, LI H, et al. In-plane ferroelectricity in thin flakes of van der Waals hybrid perovskite[J]. Advanced Materials, 2018, 30(51): 1803249.

[93] BARRAZA-LOPEZ S, FREGOSO B M, VILLANOVA J W, et al. Colloquium: physical properties of groupIV monochalcogenide monolayers[J]. Reviews of Modern Physics, 2021, 93(1): 011001.

[94] LI L, WU M. Binary compound bilayer and multilayer with vertical polarizations: twodimensional ferroelectrics, multiferroics, and nanogenerators[J]. ACS Nano, 2017, 11(6): 6382-6388.

[95] WU M. Two-dimensional van der Waals ferroelectrics: scientific and technological opportunities[J]. ACS Nano, 2021, 15(6): 9229-9237.

[96] WU M, LI J. Sliding ferroelectricity in 2D van der Waals materials: related physics and future opportunities[J]. Proceedings of the National Academy of Sciences, 2021, 118(50): e2115703118.

[97] YANG Q, WU M, LI J. Origin of two-dimensional vertical ferroelectricity in WTe_2 bilayer and multilayer[J]. Journal of Physical Chemistry Letters, 2018, 9(24): 7160-7164.

[98] LIU X, YANG Y, HU T, et al. Vertical ferroelectric switching by in-plane sliding of twodimensional bilayer WTe_2[J]. Nanoscale, 2019, 11(40): 18575-18581.

[99] YANG Q, SONG C, MENG S. Laser-induced enhancement of vertical polarization in ferroelectric bilayer WTe_2[J]. Journal of Physics: Condensed Matter, 2022, 34(42): 424003.

[100] FEI Z, ZHAO W, PALOMAKI T A, et al. Ferroelectric switching of a two-dimensional metal[J]. Nature, 2018, 560(7718): 336-339.

[101] SHARMA P, XIANG F X, SHAO D F, et al. A room-temperature ferroelectric semimetal[J]. Science Advances, 2019, 5(7): eaax5080.

[102] XIAO J, WANG Y, WANG H, et al. Berry curvature memory through electrically driven stacking transitions[J]. Nature Physics, 2020, 16(10): 1028-1034.

[103] DE LA BARRERA S C, CAO Q, GAO Y, et al. Direct measurement of ferroelectric polarization in a tunable semimetal[J]. Nature Communications, 2021, 12(1): 5298.

[104] ESHETE Y A, KANG K, KANG S, et al. Atomic and electronic manipulation of robust ferroelectric polymorphs[J]. Advanced Materials, 2022, 34(31): 2202633.

[105] JINDAL A, SAHA A, LI T Z, et al. Coupled ferroelectricity and superconductivity in bilayer T_dMoTe$_2$[J]. Nature, 2023, 613(7942): 48-52.

[106] YUAN S, LUO X, CHAN H L, et al. Room-temperature ferroelectricity in MoTe$_2$ down to the atomic monolayer limit[J]. Nature Communications, 2019, 10(1): 1775.

[107] WAN Y, HU T, MAO X, et al. Room-temperature ferroelectricity in 1T'-ReS$_2$ multilayers[J]. Physical Review Letters, 2022, 128(6): 067601.

[108] RAHMAN I A, PURQON A. First principles study of molybdenum disulfide electronic structure[J]. Journal of Physics: Conference Series, 2017, 877(1): 012026.

[109] DEB S, CAO W, RAAB N, et al. Cumulative polarization in conductive interfacial ferroelectrics[J]. Nature, 2022, 612(7940): 465-469.

[110] YANG D, WU J, ZHOU B T, et al. Spontaneous-polarization-induced photovoltaic effect in rhombohedrally stacked MoS$_2$[J]. Nature Photonics, 2022, 16(6): 469-474.

[111] WU J, YANG D, LIANG J, et al. Ultrafast response of spontaneous photovoltaic effect in 3RMoS$_2$based heterostructures[J]. Science Advances, 2022, 8(50): eade3759.

[112] SUI F, JIN M, ZHANG Y, et al. Sliding ferroelectricity in van der Waals layered γ-InSe semiconductor[J]. Nature Communications, 2023, 14(1): 36.

[113] ROGÉE L, WANG L, ZHANG Y, et al. Ferroelectricity in untwisted heterobilayers of transition metal dichalcogenides[J]. Science, 2022, 376(6596): 973-978.

[114] TSYMBAL E Y. Two-dimensional ferroelectricity by design[J]. Science, 2021, 372(6549): 13891390.

[115] WOODS C, ARES P, NEVISON-ANDREWS H, et al. Charge-polarized interfacial superlattices in marginally twisted hexagonal boron nitride[J]. Nature Communications, 2021, 12(1): 347.

[116] YASUDA K, WANG X, WATANABE K, et al. Stacking-engineered ferroelectricity in bilayer boron nitride[J]. Science, 2021, 372(6549): 1458-1462.

[117] VIZNER STERN M, WASCHITZ Y, CAO W, et al. Interfacial ferroelectricity by van der Waals sliding[J]. Science, 2021, 372(6549): 1462-1466.

[118] LV M, SUN X, CHEN Y, et al. Spatially resolved polarization manipulation of ferroelectricity in twisted hBN[J]. Advanced Materials, 2022, 34(51): 2203990.

[119] WANG X, YASUDA K, ZHANG Y, et al. Interfacial ferroelectricity in rhombohedral-stacked bilayer transition metal dichalcogenides[J]. Nature Nanotechnology, 2022, 17(4): 367-371.

[120] WESTON A, CASTANON E G, ENALDIEV V, et al. Interfacial ferroelectricity in marginally twisted 2D semiconductors[J]. Nature Nanotechnology, 2022, 17(4): 390-395.

[121] LIU Y, LIU S, LI B, et al. Identifying the transition order in an artificial ferroelectric van der Waals heterostructure[J]. Nano Letters, 2022, 22(3): 1265-1269.

[122] KO K, YUK A, ENGELKE R, et al. Operando electron microscopy investigation of polar domain dynamics in twisted van der Waals homobilayers[J]. Nature Materials, 2023, 22(8): 992-998.

[123] ZHENG Z, MA Q, BI Z, et al. Unconventional ferroelectricity in moiré heterostructures[J]. Nature, 2020, 588(7836): 71-76.

[124] YANG L, WU M. Across-Layer sliding ferroelectricity in 2D heterolayers[J]. Advanced Functional Materials, 2023, 33(29): 2301105.

[125] WANG X, YU P, LEI Z, et al. Van der Waals negative capacitance transistors[J]. Nature Communications, 2019, 10(1): 3037.

[126] WANG X, ZHU C, DENG Y, et al. Van der Waals engineering of ferroelectric heterostructures for long-retention memory[J]. Nature Communications, 2021, 12(1): 1109.

[127] WU J, CHEN H Y, YANG N, et al. High tunnelling electroresistance in a ferroelectric van der Waals heterojunction via giant barrier height modulation[J]. Nature Electronics, 2020, 3(8): 466-472.

[128] SI M, SAHA A K, GAO S, et al. A ferroelectric semiconductor field-effect transistor[J]. Nature Electronics, 2019, 2(12): 580-586.

[129] WAN S, LI Y, LI W, et al. Nonvolatile ferroelectric memory effect in ultrathin α-In$_2$Se$_3$[J]. Advanced Functional Materials, 2019, 29(20): 1808606.

[130] TANG W, ZHANG X, YU H, et al. A van der Waals ferroelectric tunnel junction for ultrahightemperature operation memory[J]. Small Methods, 2022, 6 (4): 2101583.

[131] LI Y, FU J, MAO X, et al. Enhanced bulk photovoltaic effect in two-dimensional ferroelectric CuInP$_2$S$_6$[J]. Nature Communications, 2021, 12(1): 5896.

[132] YI M, SHEN Z. A review on mechanical exfoliation for the scalable production of graphene[J]. Journal of Materials Chemistry A, 2015, 3(22): 11700-11715.

[133] LIU Y, LIU S, WANG Z, et al. Low-resistance metal contacts to encapsulated semiconductor monolayers with long transfer length[J]. Nature Electronics, 2022, 5(9): 579-585.

[134] PURDIE D, PUGNO N, TANIGUCHI T, et al. Cleaning interfaces in layered materials heterostructures[J]. Nature Communications, 2018, 9(1): 5387.

[135] RADISAVLJEVIC B, RADENOVIC A, BRIVIO J, et al. Single-layer MoS$_2$ transistors[J]. Nature Nanotechnology, 2011, 6(3): 147-150.

[136] LATE D J, LIU B, MATTE H R, et al. Hysteresis in single-layer MoS$_2$ field effect transistors[J]. ACS Nano, 2012, 6(6): 5635-5641.

[137] SI M, SU C J, JIANG C, et al. Steep-slope hysteresis-free negative capacitance MoS$_2$ transistors[J]. Nature Nanotechnology, 2018, 13(1): 24-28.

[138] WU F, TIAN H, SHEN Y, et al. Vertical MoS$_2$ transistors with sub-1-nm gate lengths[J]. Nature, 2022, 603(7900): 259-264.

[139] HUA Q, GAO G, JIANG C, et al. Atomic threshold-switching enabled MoS$_2$ transistors towards ultralow-power electronics[J]. Nature Communications, 2020, 11 (1): 6207.

[140] PODZOROV V, GERSHENSON M, KLOC C, et al. High-mobility field-effect

transistors based on transition metal dichalcogenides[J]. Applied Physics Letters, 2004, 84(17): 3301-3303.

[141] YU W J, LI Z, ZHOU H, et al. Vertically stacked multi-heterostructures of layered materials for logic transistors and complementary inverters[J]. Nature Materials, 2013, 12(3): 246-252.

[142] DODDA A, OBEROI A, SEBASTIAN A, et al. Stochastic resonance in MoS_2 photodetector[J]. Nature Communications, 2020, 11(1): 4406.

[143] KIM K S, JI Y J, KIM K H, et al. Ultrasensitive MoS_2 photodetector by serial nano-bridge multiheterojunction[J]. Nature Communications, 2019, 10(1): 4701.

[144] LOPEZ-SANCHEZ O, LEMBKE D, KAYCI M, et al. Ultrasensitive photodetectors based on monolayer MoS_2[J]. Nature Nanotechnology, 2013, 8(7): 497-501.

[145] YU W J, LIU Y, ZHOU H, et al. Highly efficient gate-tunable photocurrent generation in vertical heterostructures of layered materials[J]. Nature Nanotechnology, 2013, 8(12): 952-958.

[146] HUANG Y, SUN Y, ZHENG X, et al. Atomically engineering activation sites onto metallic 1T-MoS_2 catalysts for enhanced electrochemical hydrogen evolution[J]. Nature Communications, 2019, 10(1): 982.

[147] LI H, TSAI C, KOH A L, et al. Activating and optimizing MoS_2 basal planes for hydrogen evolution through the formation of strained sulphur vacancies[J]. Nature Materials, 2016, 15(1): 48-53.

[148] XU J, SHAO G, TANG X, et al. Frenkel-defected monolayer MoS_2 catalysts for efficient hydrogen evolution[J]. Nature Communications, 2022, 13(1): 2193.

[149] STRACHAN J, MASTERS A F, Maschmeyer T. 3R-MoS_2 in review: history, status, and outlook[J]. ACS Applied Energy Materials, 2021, 4(8): 7405-7418.

[150] SHI J, YU P, LIU F, et al. 3R MoS_2 with broken inversion symmetry: a promising ultrathin nonlinear optical device[J]. Advanced Materials, 2017, 29(30): 1701486.

[151] DONG Y, YANG M M, YOSHII M, et al. Giant bulk piezophotovoltaic effect in

3R-MoS$_2$[J]. Nature Nanotechnology, 2023, 18(1): 36-41.

[152] SUZUKI R, SAKANO M, ZHANG Y, et al. Valley-dependent spin polarization in bulk MoS$_2$ with broken inversion symmetry[J]. Nature Nanotechnology, 2014, 9(8): 611-617.

[153] TOWLE L C, OBERBECK V, BROWN B E, et al. Molybdenum diselenide: rhombohedral high pressure-high temperature polymorph[J]. Science, 1966, 154 (3751): 895-896.

[154] WILSON J A, YOFFE A. The transition metal dichalcogenides discussion and interpretation of the observed optical, electrical and structural properties[J]. Advances in Physics, 1969, 18(73): 193335.

[155] VU Q A, SHIN Y S, KIM Y R, et al. Two-terminal floating-gate memory with van der Waals heterostructures for ultrahigh on/off ratio[J]. Nature Communications, 2016, 7(1): 12725.

[156] MARQUEZ C, SALAZAR N, GITY F, et al. Investigating the transient response of Schottky barrier back-gated MoS$_2$ transistors[J]. 2D Materials, 2020, 7(2): 025040.

[157] DI BARTOLOMEO A, GRILLO A, URBAN F, et al. Asymmetric Schottky contacts in bilayer MoS$_2$ field effect transistors[J]. Advanced Functional Materials, 2018, 28(28): 1800657.

[158] LEE S, NATHAN A. Subthreshold Schottky-barrier thin-film transistors with ultralow power and high intrinsic gain[J]. Science, 2016, 354(6310): 302-304.

[159] GUO Y, WEI X, SHU J, et al. Charge trapping at the MoS$_2$-SiO$_2$ interface and its effects on the characteristics of MoS$_2$ metal-oxide-semiconductor field effect transistors[J]. Applied Physics Letters, 2015, 106(10): 103109.

[160] LIANG J, YANG D, XIAO Y, et al. Shear strain-induced two-dimensional slip avalanches in rhombohedral MoS$_2$[J]. Nano Letters, 2023, 23(15): 7228-7235.

[161] TANG P, BAUER G E. Sliding phase transition in ferroelectric van der Waals bilayers[J]. Physical Review Letters, 2023, 130(17): 176801.

[162] NING H, YU Z, ZHANG Q, et al. An in-memory computing architecture based on a duplex twodimensional material structure for in situ machine learning[J]. Nature Nanotechnology, 2023, 18(5): 493-500.

[163] XU R, LIU S, SAREMI S, et al. Kinetic control of tunable multi-state switching in ferroelectric thin films[J]. Nature Communications, 2019, 10(1): 1282.

[164] LEE D, YANG S M, KIM T H, et al. Multilevel data storage memory using deterministic polarization control[J]. Advanced Materials, 2012, 24(3): 402-406.

[165] GHOSH A, KOSTER G, RIJNDERS G. Multistability in bistable ferroelectric materials toward adaptive applications[J]. Advanced Functional Materials, 2016, 26(31): 5748-5756.

[166] LEE D, JEON B C, BAEK S H, et al. Active control of ferroelectric switching using defect-dipole engineering[J]. Advanced Materials, 2012, 24(48): 6490-6495.

[167] PARK M H, LEE H J, KIM G H, et al. Tristate memory using ferroelectric-insulator-semiconductor heterojunctions for 50% increased data storage[J]. Advanced Functional Materials, 2011, 21(22): 4305-4313.

[168] PARK C, CHADI D. Microscopic study of oxygen-vacancy defects in ferroelectric perovskites[J]. Physical Review B, 1998, 57(22): R13961.

[169] PÖYKKÖ S, CHADI D. Dipolar defect model for fatigue in ferroelectric perovskites[J]. Physical Review Letters, 1999, 83(6): 1231.

[170] SCOTT J, DAWBER M. Oxygen-vacancy ordering as a fatigue mechanism in perovskite ferroelectrics[J]. Applied Physics Letters, 2000, 76(25): 3801-3803.

[171] YANG S M, KIM T H, YOON J G, et al. Nanoscale observation of time-dependent domain wall pinning as the origin of polarization fatigue[J]. Advanced Functional Materials, 2012, 22(11): 2310-2317.

[172] BONI G A, FILIP L D, CHIRILA C, et al. Multiple polarization states in symmetric ferroelectric heterostructures for multi-bit non-volatile memories[J]. Nanoscale, 2017, 9(48): 19271-19278.

[173] CHEW K H, ONG L H, OSMAN J, et al. Hysteresis loops of ferroelectric bilayers and superlattices[J]. Applied Physics Letters, 2000, 77(17): 2755-2757.

[174] DAMODARAN A R, PANDYA S, AGAR J C, et al. Three-state ferroelastic switching and large electromechanical responses in PbTiO$_3$ thin films[J]. Advanced Materials, 2017, 29(37): 1702069.

[175] LEE J H, CHU K, KIM K E, et al. Out-of-plane three-stable-state ferroelectric switching: finding the missing middle states[J]. Physical Review B, 2016, 93 (11): 115142.

[176] MATZEN S, NESTEROV O, RISPENS G, et al. Super switching and control of in-plane ferroelectric nanodomains in strained thin films[J]. Nature Communications, 2014, 5(1): 4415.

[177] SCHORN P J, BRÄUHAUS D, BÖTTGER U, et al. Fatigue effect in ferroelectric PbZr$_{1-x}$Ti$_x$O$_3$ thin films[J]. Journal of Applied Physics, 2006, 99(11): 114104.

[178] TAGANTSEV A K, STOLICHNOV I, COLLA E, et al. Polarization fatigue in ferroelectric films: basic experimental findings, phenomenological scenarios, and microscopic features[J]. Journal of Applied Physics, 2001, 90 (3) : 1387-1402.

[179] WARREN W L, DIMOS D, TUTTLE B A, et al. Polarization suppression in Pb (Zr, Ti)O$_3$ thin films[J]. Journal of Applied Physics, 1995, 77(12): 6695-6702.

[180] CHEN M S, WU T B, WU J M. Effect of textured LaNiO$_3$ electrode on the fatigue improvement of Pb (Zr$_{0.53}$Ti$_{0.47}$) O$_3$ thin films[J]. Applied Physics Letters, 1996, 68(10): 1430-1432.

[181] EOM C B, VAN DOVER R B, PHILLIPS J M, et al. Fabrication and properties of epitaxial ferroelectric heterostructures with (SrRuO$_3$) isotropic metallic oxide electrodes[J]. Applied Physics Letters, 1993, 63(18): 2570-2572.

[182] RAMESH R, GILCHRIST H, SANDS T, et al. Ferroelectric La-Sr-Co-O/Pb-Zr-Ti-O/La-Sr-Co-O heterostructures on silicon via template growth[J]. Applied Physics Letters, 1993, 63(26): 35923594.

[183] WU W, WONG K H, CHOY C L, et al. Top-interface-controlled fatigue of epitaxial Pb(Zr$_{0.52}$Ti$_{0.48}$)O$_3$ ferroelectric thin films on La$_{0.7}$Sr$_{0.3}$MnO$_3$ electrodes[J]. Applied Physics Letters, 2000, 77(21): 3441-3443.

[184] ALSHAREEF H N, AUCIELLO O, KINGON A I. Electrical properties of ferro-electric thin-film capacitors with hybrid (Pt, RuO_2) electrodes for nonvolatile memory applications[J]. Journal of Applied Physics, 1995, 77(5): 2146-2154.

[185] FU S S, YU H, LUO X Y, et al. The influence of ultraviolet irradiation on polar-ization fatigue in ferroelectric polymer films[J]. IEEE Electron Device Letters, 2012, 33(1): 95-97.

[186] HUANG F, CHEN X, LIANG X, et al. Fatigue mechanism of yttrium-doped haf-nium oxide ferroelectric thin films fabricated by pulsed laser deposition[J]. Physi-cal Chemistry Chemical Physics, 2017, 19(5): 3486-3497.

[187] VERDIER C, LUPASCU D C, VON SEGGERN H, et al. Effect of thermal an-nealing on switching dynamics of fatigued bulk lead zirconate titanate[J]. Applied Physics Letters, 2004, 85(15): 3211-3213.

[188] WARREN W L, DIMOS D, TUTTLE B A, et al. Electronic domain pinning in Pb (Zr, Ti)O_3 thin films and its role in fatigue[J]. Applied Physics Letters, 1994, 65 (8): 1018-1020.

[189] MAJUMDER S B, MOHAPATRA Y N, AGRAWAL D C. Fatigue resistance in lead zirconate titanate thin ferroelectric films: effect of cerium doping and frequen-cy dependence[J]. Applied Physics Letters, 1997, 70(1): 138-140.

[190] ZHANG N, LI L, GUI Z. Frequency dependence of ferroelectric fatigue in PLZT ceramics[J]. Journal of the European Ceramic Society, 2001, 21(5): 677-681.

[191] PINTILIE L, VREJOIU I, HESSE D, et al. Polarization fatigue and frequency-de-pendent recovery in Pb(Zr, Ti)O_3 epitaxial thin films with $SrRuO_3$ electrodes[J]. Applied Physics Letters, 2006, 88(10): 102908.

[192] JIN HU W, WANG Z, YU W, et al. Optically controlled electroresistance and electrically controlled photovoltage in ferroelectric tunnel junctions[J]. Nature Communications, 2016, 7(1): 10808.

[193] MA C, LUO Z, HUANG W, et al. Sub-nanosecond memristor based on ferroelec-tric tunnel junction[J]. Nature Communications, 2020, 11(1): 1439.

[194] YANG Y, WU M, ZHENG X, et al. Atomic-scale fatigue mechanism of ferroelectric tunnel junctions[J]. Science Advances, 2021, 7(48): eabh2716.

[195] GUO R, WANG Z, ZENG S, et al. Functional ferroelectric tunnel junctions on silicon[J]. Scientific Reports, 2015, 5(1): 12576.

[196] JIANG X, HU X, BIAN J, et al. Ferroelectric field-effect transistors based on $WSe_2/CuInP_2S_6$ heterostructures for memory applications[J]. ACS Applied Electronic Materials, 2021, 3(11): 4711-4717.

[197] SINGH P, BAEK S, YOO H H, et al. Two-dimensional CIPS-InSe van der Waal heterostructure ferroelectric field effect transistor for nonvolatile memory applications[J]. ACS Nano, 2022, 16(4): 5418-5426.

[198] NIU J, JEON S, KIM D, et al. Dual-logic-in-memory implementation with orthogonal polarization of van der Waals ferroelectric heterostructure[J]. InfoMat, 2024, 6(2): e12490.

[199] HUANG W, WANG F, YIN L, et al. Gate-coupling-enabled robust hysteresis for nonvolatile memory and programmable rectifier in van der Waals ferroelectric heterojunctions[J]. Advanced Materials, 2020, 32(14): 1908040.

[200] BAEK S, YOO H H, JU J H, et al. Ferroelectric field-effect-transistor integrated with ferroelectrics heterostructure[J]. Advanced Science, 2022, 9(21): 2200566.

[201] LI W, GUO Y, LUO Z, et al. A gate programmable van der Waals metalferroelectricsemiconductor vertical heterojunction memory[J]. Advanced Materials, 2023, 35(5): 2208266.

[202] TAN A J, LIAO Y H, WANG L C, et al. Ferroelectric HfO_2 memory transistors with high-κ interfacial layer and write endurance exceeding 10^{10} cycles[J]. IEEE Electron Device Letters, 2021, 42(7): 994-997.

[203] KIM M K, KIM I J, LEE J S. CMOS-compatible ferroelectric NAND flash memory for highdensity, low-power, and high-speed three-dimensional memory[J]. Science Advances, 2021, 7(3): eabe1341.

[204] KIM I J, KIM M K, LEE J S. Vertical ferroelectric thin-film transistor array with

a 10-nm gate length for high-density three-dimensional memory applications[J]. Applied Physics Letters, 2022, 121(4): 042901.

[205] ZACHARAKI C, CHAITOGLOU S, SIANNAS N, et al. $Hf_{0.5}Zr_{0.5}O_2$-based germanium ferroelectric p-FETs for nonvolatile memory applications[J]. ACS Applied Electronic Materials, 2022, 4(6): 28152821.

[206] CHATTERJEE K, KIM S, KARBASIAN G, et al. Self-aligned, gate last, FD-SOI, ferroelectric gate memory device with 5.5-nm $Hf_{0.8}Zr_{0.2}O_2$, high endurance and breakdown recovery[J]. IEEE Electron Device Letters, 2017, 38 (10): 1379-1382.

[207] CHOI S N, MOON S E, YOON S M. Impact of oxide gate electrode for ferroelectric field-effect transistors with metal-ferroelectric-metal-insulator-semiconductor gate stack using undoped HfO_2 thin films prepared by atomic layer deposition[J]. Nanotechnology, 2020, 32(8): 085709.

[208] BAE J H, KWON D, JEON N, et al. Highly scaled, high endurance, Ω-gate, nanowire ferroelectric FET memory transistors[J]. IEEE Electron Device Letters, 2020, 41(11): 1637-1640.

[209] HWANG J, GOH Y, JEON S. Effect of forming gas high-pressure annealing on metalferroelectricsemiconductor hafnia ferroelectric tunnel junction[J]. IEEE Electron Device Letters, 2020, 41(8): 1193-1196.

[210] RYU H, WU H, RAO F, et al. Ferroelectric tunneling junctions based on aluminum oxide/zirconium-doped hafnium oxide for neuromorphic computing[J]. Scientific Reports, 2019, 9(1): 20383.

[211] MAX B, HOFFMANN M, SLESAZECK S, et al. Direct correlation of ferroelectric properties and memory characteristics in ferroelectric tunnel junctions[J]. IEEE Journal of the Electron Devices Society, 2019, 7: 1175-1181.

[212] GOH Y, HWANG J, LEE Y, et al. Ultra-thin $Hf_{0.5}Zr_{0.5}O_2$ thin-film-based ferroelectric tunnel junction via stress induced crystallization[J]. Applied Physics Letters, 2020, 117(24): 242901.

[213] PARK S, LEE D, KANG J, et al. Laterally gated ferroelectric field effect transistor (LG-FeFET) using α-In$_2$Se$_3$ for stacked in-memory computing array[J]. Nature Communications, 2023, 14(1): 6778.

[214] DUTTA D, MUKHERJEE S, UZHANSKY M, et al. Edge-based two-dimensional α-In$_2$Se$_3$-MoS$_2$ ferroelectric field effect device[J]. ACS Applied Materials & Interfaces, 2023, 15(14): 1850518515.

[215] SI M, ZHANG Z, CHANG S C, et al. Asymmetric metal/α-In$_2$Se$_3$/Si crossbar ferroelectric semiconductor junction[J]. ACS Nano, 2021, 15(3): 5689-5695.

[216] HONG J, HU Z, PROBERT M, et al. Exploring atomic defects in molybdenum disulphide monolayers[J]. Nature Communications, 2015, 6(1): 6293.

[217] MENG P, WU Y, BIAN R, et al. Sliding induced multiple polarization states in two-dimensional ferroelectrics[J]. Nature Communications, 2022, 13(1): 7696.

[218] HU H, SUN Y, CHAI M, et al. Room-temperature out-of-plane and in-plane ferroelectricity of twodimensional β-InSe nanoflakes[J]. Applied Physics Letters, 2019, 114(25): 252903.

[219] HU H, WANG H, SUN Y, et al. Out-of-plane and in-plane ferroelectricity of atom-thick twodimensional InSe[J]. Nanotechnology, 2021, 32(38): 385202.

[220] BANDURIN D A, TYURNINA A V, YU G L, et al. High electron mobility, quantum Hall effect and anomalous optical response in atomically thin InSe[J]. Nature Nanotechnology, 2017, 12(3): 223-227.

[221] FENG W, ZHENG W, CAO W, et al. Back gated multilayer InSe transistors with enhanced carrier mobilities via the suppression of carrier scattering from a dielectric interface[J]. Advanced Materials, 2014, 26(38): 6587-6593.

[222] DAI M, CHEN H, WANG F, et al. Robust piezo-phototronic effect in multilayer γ-InSe for highperformance self-powered flexible photodetectors[J]. ACS Nano, 2019, 13(6): 7291-7299.

[223] ZHANG B, WU H, PENG K, et al. Super deformability and thermoelectricity of bulk γ-InSe single crystals[J]. Chinese Physics B, 2021, 30(7): 078101.

[224] WANG H, WU Y, CONG C, et al. Hysteresis of electronic transport in graphene transistors[J]. ACS Nano, 2010, 4(12): 7221-7228.

[225] ZHOU J, FEI P, GU Y, et al. Piezoelectric-potential-controlled polarity-reversible Schottky diodes and switches of ZnO wires[J]. Nano Letters, 2008, 8(11): 3973-3977.

[226] XU K, JIANG W, GAO X S, et al. Optical control of ferroelectric switching and multifunctional devices based on van der Waals ferroelectric semiconductors[J]. Nanoscale, 2020, 12(46): 23488-23496.